DICTIONNAIRE

DES

SCIENCES NATURELLES.

TOME LXI.

SUPPLÉMENT. — BIOGRAPHIE.

Corbeil, imprimerie de CRÉTÉ.

DICTIONNAIRE

DES

SCIENCES NATURELLES,

DANS LEQUEL

ON TRAITE MÉTHODIQUEMENT DES DIFFÉRENS ÊTRES DE LA NATURE, CONSIDÉRÉS
SOIT EN EUX-MÊMES, D'APRÈS L'ÉTAT ACTUEL DE NOS CONNAISSANCES,
SOIT RELATIVEMENT A L'UTILITÉ QU'EN PEUVENT RETIRER LA
MÉDECINE, L'AGRICULTURE, LE COMMERCE ET LES ARTS.

SUIVI D'UNE

BIOGRAPHIE DES PLUS CÉLÈBRES NATURALISTES.

Ouvrage destiné aux médecins, aux agriculteurs,
aux commerçans, aux artistes, aux manufacturiers, et à tous
ceux qui ont intérêt à connaître les productions de la nature, leurs
caractères génériques et spécifiques, leur lieu natal,
leurs propriétés et leurs usages.

PAR

PLUSIEURS PROFESSEURS DU JARDIN DU ROI, et des principales
Écoles de Paris.

TOME SOIXANTE-UNIÈME.

—◆—

PARIS.

L. HACHETTE, | JULES RENOUARD et Cie,
Rue Pierre-Sarrazin, 12. | Rue de Tournon, 6.

1845

LISTE DES AUTEURS PAR ORDRE DE MATIÈRES.

Physique générale.

M. LACROIX, membre de l'Académie des Sciences et professeu au collége de France. (L.).

Chimie.

M. CHEVREUL, professeur au Collége royal de Charlemagne (Cʜ.)

Minéralogie et Géologie.

M. BRONGNIART, membre de l'Académie des Sciences, professeur à la Faculté des Sciences (B.)

M. BROCHANT DE VILLIERS, membre de l'Académie des Sciences (B. ᴅᴇ V.)

M. DEFRANCE, membre de plusieurs Sociétés savantes (D. F.)

Botanique.

M. DE JUSSIEU, membre de l'Académie des Sciences, professeur au Jardin du Roi (J.)

M. MIRBEL, membre de l'Académie des Sciences, professeur à la Faculté des Sciences (B. M.)

M. HENRI CASSINI, membre de la Société philomathique de Paris (H. Cᴀss.)

M. LEMAN, membre de la Société philomathique de Paris (Lᴇᴍ.)

M. LOISELEUR DESLONGCHAMPS, Docteur en médecine, membre de plusieurs Sociétés savantes (L. D.)

M. MASSEY (Mᴀss.)

M. POIRET, membre de plusieurs Sociétés savantes et littéraires, continuateur de l'Encyclopédie botanique (Poɪʀ.)

. DE TUSSAC, membre de plusieurs Sociétés savantes, auteur de la Flore des Antilles (Dᴇ T.)

Zoologie générale, Anatomie et Physiologie.

M. G. CUVIER, membre et secrétaire perpétuel de l'Académie des Sciences, prof. au Jardin du Roi, etc. (G. C. ou CV. ou C.)

Mammifères.

M. GEOFFROI, membre de l'Académie des Sciences, professeur au Jardin du Roi (G.)

Oiseaux.

M. DUMONT, membre de plusieurs sociétés savantes (Cʜ. D.)

Reptiles et Poissons.

M. DE LACÉPÈDE, membre de l'Académie des Sciences, professeur au Jardin du Roi (L. L.)

M. DUMERIL, membre de l'Académie des Sciences, professeur à l'École de médecine (C. D.)

M. CLOQUET, Docteur en médecine (H. C.)

Insectes.

M. DUMERIL, membre de l'Académie des Sciences, professeur à l'École de médecine (C. D,)

Crustacées.

M. W. E. LEACH, membre de la Société royale de Londres, l'un des conservateurs du Musée britannique (W. E. L.)

Mollusques, Vers et Zoophytes.

M. DE BLAINVILLE, professeur à la Faculté des Sciences (Dᴇ B.)

Biographie.

M. GILLETTE, Docteur en médecine (G.)

———

M. TURPIN, naturaliste, a été chargé de l'exécution des dessins et de la direction de la gravure.

MM. DE HUMBOLDT et RAYMOND ont donné quelques articles sur les objets nouveaux qu'ils ont observés dans leurs voyages, ou sur les sujets dont ils se sont particulièrement occupés.

M. F. CUVIER a été chargé de la direction générale de l'ouvrage, et a coopéré au articles généraux de zoologie et à l'histoire des mammifères (F. C.)

AVIS.

Le soixante-unième volume, en complétant le *Dictionnaire des Sciences Naturelles*, et remplissant quelques lacunes qu'on pouvait s'étonner d'y rencontrer, termine ce magnifique ouvrage dû à la collaboration des hommes les plus éminens dans les sciences.

Un assez bon nombre de planches de Botanique, étaient dépourvues de texte. Ce texte a été rétabli dans un supplément, et autant que possible, d'après les ouvrages mêmes auxquels les planches avaient été empruntées.

La Biographie des plus célèbres naturalistes occupe le reste du volume. Nous eussions pu, nous en tenant strictement au titre, nous arrêter à l'histoire de quelques hommes qui ont mérité le nom de très-illustres. Nous avons cru plus utile de faire connaître les savans, anciens ou modernes, qui ont contribué aux progrès des sciences naturelles, soit par leurs découvertes, soit par leurs méthodes, les voyageurs célèbres qui, souvent au péril de leur vie, ont rassemblé des collections, et même les simples compilateurs, quand leurs ouvrages résument les connaissances de toute une époque ou offrent quelque monographie importante. Nous avons pris soin de joindre à chaque article la liste des principaux ouvrages de chaque auteur. La réunion de ces notes bibliographiques, peut former comme le cadre d'une bibliothèque, qui contiendrait les ouvrages de quelque valeur, concernant l'histoire naturelle. (G.)

SUPPLÉMENT.

SUPPLÉMENT.

ACACIE **a longues feuilles,** *Acacia longifolia* (Willd.) Andr. Bot. rep. tab. 107. Famille des Légumineuses. Les feuilles ne sont que des pétioles dilatés, lancéolés très-entiers à deux ou trois nervures plus saillantes et à beaucoup de nervures fines; fleurs en épis axillaires, géminés, subsessiles, plus courts que les pétioles; calice quadridenté; pétales cohérents par la base. Cette espèce, remarquable par sa beauté, croît sur les côtes orientales de la Nouvelle-Hollande.

ACHIT CAUSTIQUE, *Cissus caustica* (*Tuss. flore des ant.*) famille des Ampélidées. Arbrisseau sarmenteux à rameaux arrondis, genouillés, succulents, portant des feuilles trifoliées, à folioles ovales, obtuses, dont les pétioles sont canaliculés; les fleurs en corymbe sont couleur rouge de sang. On le trouve dans les îles des Caraïbes.

AGAVE **a fleurs géminées,** *Agave geminiflora* (Desfont.) famille des Narcissées, le même que le Bonapartæa juncea.. (Willdenow, enumer. suppl. p. 18.) Se distingue des autres Agaves par ses feuilles jonciformes et ténaces, et surtout par son périanthe à segments révolutés. Ses fruits forment deux capsules géminées.

AGROSTIS CHEVELU, *Agrostis capillaris* (L.) famille des Graminées. Sa racine blanche et fibreuse pousse trois à quatre tiges presque entièrement droites, hautes d'un pied à peu près, munies d'une ou deux feuilles, glabres, assez étroites. Les fleurs sont très-petites, nombreuses, verdâtres au commencement de la floraison, rougeâtres ensuite et disposées en une panicule longue de quatre à six pouces, étendue, finement divisée et composée de rameaux capillaires. On trouve cette plante sur le bord des champs et des chemins.

ALLIONE INCARNATE, *Allionia incarnata* (L.) famille des Dipsacées. Plante herbacée à racine fibreuse qui pousse plusieurs tiges faibles presque couchées, diffuses, articulées et pubescentes. Ses feuilles sont opposées, pétiolées, ovales, oblongues, pointues, et de grandeur un peu inégale à chaque paire; les supérieures sont les plus petites et presque sessiles. Les fleurs sont rouges ou d'un pourpre pâle, axillaires, solitaires, aussi longues que leurs pédoncules, et ont leur calice commun composé de trois folioles ovales et concaves. Cette espèce croît dans l'Amérique méridionale.

ALTERNANTE SESSILE, *Alternanthera sessilis* (Brown). ALTER, *Triandra* (Forskal), famille des Paronychiées. Tige rampante, munie de rameaux opposés; feuilles opposées, lancéolées et sessiles. Fleurs naissant ramassées par petites têtes axillaires sessiles et d'un blanc-roussâtre; elles ont la forme des fleurs de Cadélari; mais, au lieu d'avoir comme celles-ci cinq étamines fertiles, elles ont six filaments dont trois, alternes avec les autres, portent des anthères, et trois sont stériles. On ne trouve point, d'ailleurs, dans les fleurs de cette plante, de petites écailles interposées entre les filaments des étamines et environnant l'ovaire, comme on en voit dans les fleurs de Cadélari. Cette plante croît dans l'Arabie et aux environs de Rosette en Égypte.

Telle est la description donnée par Forskal, mais elle ne concorde pas avec la gravure donnée dans l'atlas qui représente l'*Illecebrum sessile* de Linné. Celui-ci, que Lamark décrit sous le nom de Cadélari ficoïde a des feuilles moins larges que dans les autres espèces, glabres, lancéolées, rétrécies en pétiole vers leur base, presque spatulées, et souvent finement ondulées sur leurs bords; les tiges sont menues, rameuses, étalées sur la terre, verdâtres ou quelquefois purpurines, peu velues; les fleurs sont en paquets un peu allongés. Cette plante croît dans les Indes.

ALYSPHÉRIE, *Alysphæria* (Turpin), *lepra* des auteurs. L'alysphérie est, selon M. Turpin, un des premiers degrés de l'organisation végétale; elle est composée de globulines (voir ce mot dans ce volume) enchaînées les unes aux autres. Ces vésicules, semblables d'ailleurs à celles de la globuline solitaire, pouvant comme elle présenter toutes sortes de couleurs, paraissent liées entre elles par de petits thalles, ou tiges horizontales. Chacune de ces tiges donne naissance à la vésicule qui en émane directement. L'alysphérie se compose d'espèces classées sous le genre lepra.

ALYSPHÉRIE DES MOUSSES, *Lepra muscorum*, croûte mince, presque pulvérulente, blanchâtre, couvrant la terre et les mousses.

ALYSPHÉRIE DES ANTIQUES, *Lepra antiquitalis.* Cette espèce apparaît à l'œil comme une croûte noire fendillée, qui adhère fortement aux pierres, aux rochers, aux statues anciennes qu'elle recouvre quelquefois entièrement.

ALYSPHÉRIE JAUNE, *Lepra candelaris*, croûte jaune, poudreuse, ayant l'aspect d'un lichen naissant. Elle se trouve sur les vieux murs, sur l'écorce des arbres et sur les poutres qui sont à l'exposition du vent et de la pluie.

ALYSPHÉRIE VERT-JAUNATRE, *Lepra glaucella*, croûte d'un vert-jaunâtre, rugueuse, grenue,, inégale, blanchissant dans les points les plus élevés en vieillissant, composée de globules plus petits que ceux du lepra botryoïde. Elle croît sur la terre et les troncs d'arbres.

AMARANTHE PANICULÉ, *Amaranthus paniculatus* (L.), famille des Amaranthacées : tige dressée, rameuse, haute de 4 à 6 pieds, feuilles ovales, ou ovales-lancéolées, ou oblongues-lancéolées, acuminées, cunéiformes à la base, pubérules en dessous aux nervures, longues de 2 à 12 pouces, larges de 1 à 4 pouces, d'un vert-pâle, à pétiole plus court que la lame; panicules dressées, épis latéraux horizontaux un peu lâches; glomérules pauciflores, sub-dichotomes, subsessiles; fleurs à cinq étamines d'un pourpre violet; bractées lancéolées, subulées, piquantes.

Espèce indigène aux États-Unis d'Amérique, se cultivant facilement dans les jardins.

AMARYLLIS RÉTICULÉE, *Amaryllis reticulata* (Aiton, Hort. Kew.), famille des Amaryllidées. Cette plante présente des hampes comprimées, munies à leur base de feuilles oblongues, rétrécies à leur partie inférieure. La spathe ne renferme guère que deux fleurs; la corolle est tubuleuse et inclinée à sa base, glabre à l'orifice de son tube; les découpures en sont marquées de veines transverses réticulées.

Cette plante croît au Brésil.

ANCOLIE DU CANADA, *Aquilegia canadensis* (Linn.), famille des Renonculacées. Plante tantôt glabre, tantôt pubérule, haute de 1/2 pied à 3 pieds; tiges très-grêles, dressées, cannelées, fistuleuses, paniculées, feuillées, tantôt pauciflores, tantôt pluriflores; rameaux un peu divergents, médiocrement feuillés; feuilles semblables à celles de l'Ancolie commune, folioles d'un vert-glauque en dessus, très-glauques en dessous, cunéiformes, ou cunéiformes-oblongues, ou flabelliformes, ou sub-orbiculaires, ou rhomboïdales, 2 ou 3 fides; lobes ou segments cunéiformes, ou oblongs, ou arrondis, laciniés ou crénelés; sépales longs de 6 à 8 lignes, ovales ou oblongs, pointus, un peu connivents, sub-carénés au dos, finement veinés, rouges ou panachés de rouge et de jaune; pétales, y compris le cornet, longs de 10 à 15 lignes; lame elliptique, arrondie ou tronquée au sommet, à peu près de moitié plus courte que les sépales, 3 à 4 fois plus courte que l'éperon; lame jaune, éperon rouge: étamines de moitié à deux fois plus longues que les sépales, longuement débordées par les styles; filets blanchâtres, styles glabres presques capillaires, 2 fois plus longs que les ovaires à l'époque de la floraison, ovaires glabres ou pubescents; follicules longs de 6 à 8 lignes, glabres ou pubérules, plus petits que ceux de l'Ancolie commune.

Cette espèce élégante croît dans l'Amérique Septentrionale; on la cultive comme plante de parterre.

AZALÉE DE L'INDE, *Azalea indica* (Linn.), famille des Rhodoracées. Arbrisseau d'environ 3 pieds de hauteur, toujours vert, et dont le tronc qui a un pouce de diamètre est muni d'une écorce rude, inégale et d'un brun-grisâtre. Son bois est dur et d'une couleur pâle; ses rameaux sont courts, tortueux et sans ordre; ils sont garnis à leur sommet de feuilles ovales lancéolées, velues, coriaces et rapprochées les unes des autres, formant des touffes ou des rosettes terminales. Les fleurs viennent dans ces touffes de feuilles qu'elles terminent; elles sont presque solitaires, à peine pédonculées, grandes et communément d'un rouge écarlate éclatant et très-vif. Les sépales du calice sont oblongs, petits et velus. La corolle est campanulée et à cinq divisions ouvertes; les filets des étamines sont courbes et d'un rouge-pâle; elle fleurit vers le milieu de l'été et porte ses fleurs en si grande abondance, qu'elle semble alors couverte d'un voile rouge.

Cette belle plante croît dans les contrées orientales de l'Asie; au Japon où elle est très-commune, elle fait l'ornement des jardins.

BACILLAIRE de LYNGBYE, *Bacillaria Lyngbyi* (Bory), *echinella obtusa* (Lyngbye). — Végét. microscopique. Un peu moins large que la Bacillaire *épaisse*, elle l'est beaucoup plus que les espèces suivantes. — Formée de deux tubes juxtaposés comme les deux canons d'un fusil à deux coups, tronquée aux deux extrémités, elle paraît simple, transparente, un peu trouble cependant quand on la voit par un de ses côtés; on dirait un tube de verre dans lequel une matière colorante d'un brun-verdâtre et homogène formerait une tache centrale; quelquefois cette tache se divise ou se porte sur l'une des extrémités en laissant le reste des tubes absolument vide.

Cette espèce ordinairement isolée, se groupe dans certains cas en masses informes, visibles à l'œil nu; elle se rencontre sur les conferves d'eau douce.

BACILLAIRE VITRÉE, *Bacillaria vitrea* (Bory). Linéaire, tronquée carrément aux deux extrémités, double comme la précédente; elle est assez communément munie dans son milieu d'une articulation ou section qu'indique un trait noir souvent très-vif, mais quelquefois à peine distinct.

Parfaitement transparente , comme un tube de cristal, elle semble entièrement vide. De nombreux individus, en se réunissant, forment des amas hérissés, qui ressemblent aux rayons d'une demi-sphère; ainsi accumulés, ils prennent une teinte fauve très-pâle.

Cette espèce, assez commune, couvre souvent les conferves d'eau douce.

Bacillaire verte. *Bacillaria viridis* (Turp.), à corps droit, linéaire, formé de deux tubes comme la Bacillaire de Lyngbye, transparente dans son milieu et aux deux bouts; dans tout le reste de son étendue, colorée en vert, probablement par de la matière verte absorbée; tronquée à ses deux extrémités.

BALISIER FLASQUE, *Canna flaccida* (Salisb.), famille des Amomées. Cette belle espèce qui pour le port se rapproche du *Canna Glauca*, est couverte de magnifiques fleurs d'un jaune aurore; elle a été découverte par Bartram, dans la Caroline du Sud.

BALSAMIER POLYGAME, *Amyris polygama* (Cavanilles), famille des Burséracées. Arbre de 15 à 18 pieds, revêtu d'une écorce brune, chargé de rameaux; feuilles éparses, abondantes, simples, à pétiole médiocre, un peu coriaces, ovales-lancéolées, luisantes, très-entières. Fleurs polygames, disposées en grappes simples, nombreuses, axillaires; pédicelles capillaires. Calice hémisphérique à 4 dents. Corolle d'un jaune pâle, à quatre pétales ovales, rétrécis à leur base; un corpuscule central, plane, orbiculaire à huit crénelures dans les fleurs mâles; huit étamines, dont quatre plus longues, alternes avec les pétales. Dans les fleurs femelles, un ovaire libre, globuleux; style presque nul; stigmates composés de trois ou quatre corpuscules globuleux; filaments plus courts que dans les fleurs mâles, munis d'anthères, à ce qu'on croit stériles.

Le fruit est une drupe sphérique, contenant un noyau solitaire monosperme.

Cette plante croît au Chili.

BÉGONE à feuilles de deux couleurs, *Begonia discolor,*

(Hort. Kew.). *Évansiana* (Curtis), famille des Bégoniacées. Tige rameuse, articulée, d'un rouge très-vif, surtout vers les articulations, feuilles cordiformes, obliques, aiguës, dentées, d'un vert lisse à la face supérieure, d'un rouge incarnat à la face inférieure.

Fleurs en panicules terminales, grandes, roses.

Ce sous-arbrisseau, qui se cultive dans les serres, est originaire de la Chine.

BERMUDIENNE A RÉSEAU, *Sisyrinchium striatum*, (Smith), famille des Iridées. Tiges simples ou rameuses comprimées, membraneuses à leur bord, un peu cylindriques à leur partie supérieure, garnies de feuilles dans toute leur longueur. Les feuilles sont droites, larges, pliées en deux, ensiformes, aiguës. Les fleurs sont disposées à la partie supérieure des tiges en un long épi droit ; elles sont ramassées par paquets alternes dans l'aisselle d'une feuille très-ouverte, ovale, concave, plus ou moins acuminée, spathiforme ; les spathes propres sont bivalves, scarieuses.

La corolle est grande, bleuâtre ; les pétales sont ovales, un peu cunéiformes à leur base, traversés par des stries un peu jaunâtres, avec d'autres en réseau ; les capsules sont presque globuleuses.

Cette belle espèce, qui s'élève jusqu'à la hauteur de deux pieds, paraît originaire du Mexique.

BICHATIE VÉSICULINEUSE, *Bichatia vesiculinosa* (Turpin, mémoires du muséum 18). Turpin donne ce nom à l'agglomération des vésicules primitives, associées pour composer les premières traces de tissu cellulaire. C'est aux parois internes des vitres des serres chaudes et très-humides qu'il a observé cette production, particulièrement aux temps de pluie. Elle se présente en masses informes d'une substance fugace très-aqueuse, d'un vert-tendre jaunâtre, qui approche de la couleur d'un grain de raisin blanc. Cette masse se compose d'une agglomération considérable de vésicules sphériques quand elles sont isolées, ou hexagones quand elles sont soudées. Toutes ces vésicules sont blanches, d'une transparence extrême, et leurs parois sont d'une telle ténuité, qu'au

moindre toucher elles se crèvent presque aussi facilement
que de petites bulles de savon. Dans l'intérieur de chaque vésicule sont depuis 1 jusqu'à 7 grains verts de globuline (Voir
page 18 de ce volume), petites vésicules futures qui, en gros-
sissant et en se dilatant, donnent naissance à une nouvelle
génération de globulines. Ces vésicules sont : les unes libres,
les autres soudées par deux ou par quatre; d'autres agglomé-
rées et soudées en masse de tissu cellulaire, ont dans ce cas
échangé leur forme sphérique contre l'hexagonale.

Pour être observée sous le microscope, la Bichatie exige
quelques précautions, sans lesquelles les vésicules se crèvent.
Alors on n'a plus que la globuline verte, éparse et sans ordre
parmi les restes membraneux des vésicules-mères; c'est cette
globuline qui, en séchant sur les vitres, présente les
taches vertes, jaunes, aurores, roses et pourpre-noires que
l'on y aperçoit. La Bichatie ne se trouve qu'aux surfaces de
verre où ne se développe aucune autre production végétale.

BIGNONE BLANC DE LAIT, *Bignonia lactiflora* (Wahl),
famille des Bignoniacées. Tiges grimpantes, rameaux glabres, striés ; feuilles pétiolées, conjuguées, longues de deux
pouces et plus, glabres, ovales, cordiformes, acuminées, très-
entières, traversées de veines réticulées; vrilles trifides seulement aux feuilles inférieures, grappes terminales quelquefois géminées. Les pédicelles opposés, uniflores; les inférieurs à 3 fleurs; une feuille florale oblongue, pétiolée de
chaque côté de la base des pédicelles. Le calice glabre, court,
entier, campanulé. La corolle d'un blanc de lait, longue d'un
pouce et demi, tomenteuse ou légèrement velue en dehors
dans sa jeunesse. Capsules glabres, lancéolées, longues de
deux pouces, aiguës à leurs deux extrémités.

Cette plante se trouve à l'île Sainte-Croix.

BLETTE EFFILÉE, *Blitum virgatum* (L.), famille des
Chénopodées. Vulgairement *épinard-fraise*. Tiges hautes de
1 à 2 pieds; glabres comme le reste de la plante, dressées,
anguleuses, simples ou rameuses, effilées supérieurement,
portant des fleurs presque à leur origine. Feuilles assez semblables à celles des épinards, triangulaires, hastiformes,

pointues, sinuées, dentées-cunéiformes ou échancrées à
la base, d'un vert foncé; les radicales longues de 2 à 4 pou·
ces, larges de 1 à 4 pouces, ayant un pétiole long de 3 à 6
pouces; les caulinaires en ont un beaucoup plus court;
Les feuilles des extrémités sont longues de 2 à 3 lignes,
sub-sessiles, dentées de chaque côté. Calices fructifères en-
tre-greffés, formant un fruit composé sub-globuleux écarlate,
assez semblable à une petite fraise. Glomérules sessiles, tous
axillaires; graines lisses, canaliculées aux bords.

Cette espèce est commune dans le midi de la Russie et de
la Sibérie. L'aspect curieux de ses fruits écarlates disposés en
longs épis, la fait cultiver comme plante d'agrément.

BOEHMER EN CHATON, *Bœhmeria caudata* (Bonpland),
famille des Urticées. Plante ligneuse haute de 4 à 5 pieds,
produisant, dès le collet de sa racine, plusieurs tiges droites,
glabres et cylindriques inférieurement feuillues et pubescentes vers leur sommet. Feuilles opposées, ouvertes, réfléchies, longues de 4 à 6 pouces, ovales, membraneuses, légèrement échancrées à leur base, acuminées au sommet,
également dentées sur les bords, marquées en dessous de
3 nervures saillantes et parsemées sur l'une et l'autre face de
poils courts. Pétioles longs de 1/2 pouce, pubescents, légèrement sillonnés en dedans, convexes en dehors.

Épis pendants très-longs, disposés un à un dans les aisselles des feuilles et composés de fleurs mâles ou de fleurs
femelles seulement, ou quelquefois de fleurs mâles mêlées
avec des fleurs femelles. Fleurs mâles en épi très-long rapprochées les unes des autres; périanthe de 4 folioles ovales
marquées en dehors de 3 nervures saillantes; 4 étamines
plus longues que le calice, et fixées autour d'un corps charnu
central; filets droits; anthères ovales droites, s'ouvrant longitudinalement sur les côtés. Fleurs femelles disposées par
petits groupes sur un épi très-long, et munies d'une bractée,
lancéolée aiguë, pubescente. Ovaire très-petit terminé par
un style droit; stigmate aigu; graines ovales, comprimées,
pubescentes surmontées du style qui persiste et marquées sur
les côtés par les bords saillants devenus comme charnus.

Cet arbrisseau croît dans les Antilles.

BRÉSILLET A CALICE DÉCOUPÉ EN PEIGNE, *Cæsal-pinia pectinata* (Cavanilles). Cette espèce a été séparée par Kunth et De Candolle des Cæsalpinia et fait partie d'un genre particulier sous le nom de Coultéria (Voir ce mot, pag. 14).

BRUNIE A FEUILLES sétacées, *Brunia lanuginosa* (*L.*), famille des Bruniacées. Cette plante, malgré le nom que lui a donné Linné, bien différente d'autres Brunies qui ont leurs têtes de fleurs très-laineuses, les a presque entièrement glabres, ainsi que ses feuilles, sa tige et ses branches.

C'est un sous-arbrisseau, dont les rameaux sont garnis dans toute leur longueur de feuilles linéaires, très-menues, glabres, terminées chacune par un point noir, éparses, ouvertes, nombreuses et fort rapprochées les unes des autres; elles ont deux à trois lignes de longueur.

Les fleurs en têtes sont blanches, globuleuses, petites, nombreuses, et ramassées aux sommités des rameaux supérieurs. Les têtes de fleurs sont portées chacune sur un petit rameau très-court et feuillé.

L'ovaire faisant corps avec la base turbinée de la fleur, porte un style en alène un peu saillant hors de la fleur, à stigmate simple.

Cette plante est indigène du cap de Bonne-Espérance.

BRUYÈRE A LONGUES FLEURS, *Erica nivenia longi-flora* (Andrews, monographie des Bruy. 189,) famille des Éricinées. Sous-arbrisseau à rameaux nombreux, garnis de feuilles disposées trois par trois, linéaires à bords renversés, bordées de poils. Fleurs terminales pédonculées. Trois petites bractées attachées au pédoncule, calice à 4 divisions glanduleuses à leur extrémité; corolle renflée au sommet, d'un rouge de pourpre, noire vers son ouverture, à divisions obliques, renversées; anthères droites, cohérentes, sortant de la corolle. Cette plante habite le cap de Bonne-Espérance.

CACTIER ÉLÉGANT, *Cactus speciosus* (Bonpl. Jard. Malm.), famille des Crassulariées. Tige composée d'articulations très-comprimées, allongées, obtuses, denses latéralement, glabres et dépourvues d'épines. Fleurs d'un beau rose, plus grandes que celles du Cactier flagelliforme, naissant solitaires des angles rentrants qui occupent le bord supérieur des articulations de la tige. Cette espèce a été trouvée par Bonpland près du petit village de Turbaco, à quelques lieues au sud de Carthagène. Elle y vit en parasite sur le tronc des vieux arbres.

Elle a fleuri pour la première fois en France, dans les serres de la Malmaison, en 1811.

CADÉLARI FICOIDE, *Achyranthes ficoïdeum* (Lam.), famille des Paronychiées. La description que donne Lamark de cette plante, se rapporte à l'*Illecebrum sessile* (Voir, page 2, Alternante sessile); mais la planche de l'atlas représente plutôt la plante décrite par Linné sous le nom d'*Illecebrum achyranthe*, qui a les tiges rampantes, garnies de poils, les feuilles ovales mucronées, pétiolées, opposées, avec l'une des deux plus petites, les têtes de fleurs presque globuleuses, un peu épineuses.

CALYXHYMENE VISQUEUX, *Calyxhymenia viscosa* (Ruiz.). *Oxybaphus viscosus* (Lhérit.) *Mirabilis viscosa* (Cavan.). *Nyctage visqueuse* (Lam.), famille des Nyctaginées. Tiges molles, herbacées, velues, couchées et rampantes, à moins qu'on ne leur donne un appui. Elles sont très-fortement glutineuses, comme toutes les autres parties de la plante.

Les feuilles sont grandes, en cœur, opposées, pétiolées, molles, tomenteuses, et velues des deux côtés; elles ont les deux lobes de la base larges et arrondis, et se terminent à leur sommet en pointe.

Les fleurs, plus petites que dans les autres espèces, viennent en grappes à l'extrémité des branches. Elles sont axillaires, inégalement pédonculées, et souvent réunies en petits paquets; elles sont enveloppées d'abord par deux larges bractées. Le calice est d'une seule pièce, plane, plissé, divisé en cinq dents, velu et remarquable par cinq nervures vertes et épaisses. La corolle est purpurine, fort petite; son tube est à peine de la longueur du calice; elle n'a ordinairement que trois ou quatre étamines dont les filaments sont pourprés, beaucoup plus longs que le limbe, terminés par de petites anthères jaunâtres. Le fruit est renfermé dans le fond du calice qui s'agrandit considérablement, devient membraneux et à cinq plis. La semence a quatre ou cinq côtés très-saillants; elle est ovale et ridée comme dans les autres espèces.

Cette plante est originaire du Pérou.

CAPRIER D'ÉGYPTE, *Capparis ægyptia* (Lippi), famille des Capparidées. Arbrisseaux à rameaux roides, grêles, cylindriques, glabres et garnis d'épines géminées, crochues et de couleur jaune d'or. Les feuilles sont petites, pétiolées, arrondies, cunéiformes avec une pointe à leur sommet; elles sont glauques ou bleuâtres, et ont environ 6 lignes de longueur sur 5 lignes dans leur plus grande largeur. La fleur est d'un blanc sale à étamines gris-de-lin tendre, et à pédoncule glabre plus long que la feuille qui l'accompagne. Le fruit est une silique en massue, qui a environ 3 pouces de longueur sur quelques lignes de diamètre.

Ce Caprier a été observé par Lippi en Egypte.

CIRIER A DENTS AIGUES, *Myrica arguta* (Kunth); *Gale arguta* (Lam.), famille des Myricées. Arbrisseau à rameaux épars, arrondis, rugueux, pubescents, de couleur brune; feuilles éparses, pétiolées, oblongues, lancéolées, aiguës, rétrécies à la base, à dents de scie, réticulées, résistantes, glabres en dessus, vertes et abondamment couvertes de petits points blancs; en dessous plus pâles, pubescentes, présentant de très-petits points résineux, longues de 4 pouces, larges de 15 à 16 lignes; pétioles d'un demi-pouce, canaliculés, pubescents.

Chatons axillaires, disposés trois par trois, quelquefois géminés ou solitaires, à fleurs lâches mâles et femelles; les fleurs mâles dans la partie inférieure, les femelles dans le reste de l'étendue.

Les fleurs mâles portent une bractée ovale-lancéolée, villeuse à l'extérieur, longue d'une ligne et demie. Deux bractées, linéaires, villeuses, opposées, plus petites que la précédente, et placées en sens contraire, tiennent à la colonne qui supporte les filets; 5 à 6 étamines deux fois plus courtes que la grande bractée, à filets glabres, connés à leur base, inégaux, à anthères presque globuleuses, didymes à deux loges.

Les fleurs femelles ont une bractée lancéolée, linéaire, aiguë, pubescente, longue de deux lignes, uniflore, deux fois plus longue dans le fruit; trois autres petites bractées ovales, pubescentes, plus longues que l'ovaire; l'ovaire globuleux, villeux, est surmonté d'un style profondément divisé en deux; les stigmates en sont simples. On observe à la partie supérieure du chaton plusieurs drupes sessiles, globuleuses, de la grosseur d'un grain de poivre, couvertes à l'extérieur de petites granulations, et sur lesquelles persiste le style. La graine est droite, ovale, aiguë.

Cette plante se trouve dans la nouvelle province de Grenade, à une hauteur de 1480 toises; elle fleurit en septembre.

CLAVATELLE, *Clavatella*, cryptogame de la famille des Chaodinées de Bory Saint-Vincent, confondue par Lyngbye, dans les Chœtophores.

Genre. Filaments qui se développent du centre à la circonférence; mucosités qui deviennent bientôt de petites expansions membraneuses, globuleuses, vides, élastiques, coriaces, imbriquées. Les filaments sont articulés par sections transverses et non par globules comme dans les Chœtophores. Ils sont entièrement hyalins, et ne contiennent point de matières colorantes. Ils se terminent en massue, au moyen de renflements dus au développement de la fructification qui est parfaitement sensible.

Espèces. C. nostoc-marin, *chœtophora marina* (Lyngbye).

Cette espèce a l'aspect d'un petit nostoc ordinaire, mais sa consistance est membraneuse et sa couleur d'un brun-jaunâtre; elle abonde sur les rochers parmi les fucus, à Saint-Jean-de-Luz, à Biaritz, et se retrouve dans le Nord.

C. Très-verte. *Cl. viridissima*, (B.) Elle se présente sous la forme de membranes qui ont un peu la consistance du cuir, et se contractent avec élasticité. Ces membranes sont du plus beau vert, tirant sur le bleu dans leur transparence.

Elle croît aux mêmes lieux que la précédente.

COULTERIA (Voir page 10 : Brésillet), famille des Césalpiniées, sous-ordre des Légumineuses. Genre établi par Kunth, adopté par De Candolle, ayant pour caractères : Calice turbiné, quinquéfide, les 4 lobes supérieurs petits, presque égaux ; l'inférieur plus grand concave, bordé de dents glandulifères. 10 Etamines ; filets barbus inférieurement, style court ; stigmate glanduleux, légume spongieux, aplati, indéhiscent, à 4 ou 6 graines, partagé par des cloisons transversales.

Cette famille se compose d'arbres ou d'arbrisseaux propres à l'Amérique équatoriale, et qui possèdent des propriétés tinctoriales plus ou moins prononcées.

Coulteria des teinturiers, *Coulteria tinctoria* (Kunth). *Cæsalpinia pectinata* (Cavanill.), grand arbrisseau à ramules anguleux, couverts d'un duvet roux et armés d'aiguillons ; feuilles glabres, oblongues, ayant 2 à 5 paires de pennules, 6 à 8 juguées ; pétioles sans aiguillons ; grappes solitaires, terminales, densiflores, longues de près d'un demi-pied ; pédicelles articulés au sommet ; pétales ponctués, ob-ovales, oblongs, fleurs jaunes ; légume de 3 à 4 pouces.

Cette espèce croît aux environs de Carthagène.

Coulteria hérissé, *Coulteria horrida* (Kunth), feuilles à deux paires de pennules, 4 à 7 juguées, folioles oblongues, glabres, arrondies aux deux bouts, échancrées, mucronées ; pétioles armés d'aiguillons ; calices hispides ; légumes glabres, oblongs, obliques.

Cette espèce croît dans les mêmes localités que la précédente avec laquelle elle a beaucoup de ressemblance.

CYCLANTHÉES , *Cyclantheæ*, famille voisine des Aroïdées créée par M. Poiteau (Mémoires du muséum, vol. 9), pour son genre Cyclanthus.

Cyclanthe, *Cyclanthus ;* genre de plantes fort singulières, dont les fleurs sont portées sur un spadice comme celles de beaucoup d'aroïdées, mais dont la disposition présente un aspect fort différent. Qu'on se figure deux rubans creux roulés en spirale autour d'un cylindre, l'un rempli d'étamines, l'autre d'ovules, on aura l'idée de la situation des fleurs du

Cyclanthe sur le spadice; rien ne les sépare, rien n'en fait des fleurs distinctes. De plus, le calice des fleurs mâles adhère dans presque toute son étendue avec celui des fleurs femelles; au fond sont les étamines à filet court, à anthère allongée et biloculaire; le calice des fleurs femelles, plus grand que celui des mâles, est, par son côté interne, soudé avec l'ovaire qui paraît infère. Ce dernier porte un stigmate bifide et contient un grand nombre d'ovules qui occupent sa partie interne.

On ne paraît pas connaître le fruit mûr du Cyclanthe.

On a décrit deux espèces de Cyclanthe :

L'une, *Cyclanthus Plumierii*, décrite par Plumier dans ses manuscrits, a des feuilles marquées de nervures et bifides à leur sommet.

L'autre, *Cyclanthe à deux feuilles*, *Cyclanthus bi-partititus*, vue pour la première fois par M. Poiteau, a été ainsi nommée, parce que ses feuilles sont fendues jusqu'à leur base.

Cette plante croît dans les lieux les plus humides de la Guyane, où on l'appelle vulgairement Arouma-Diable. Elle atteint jusqu'à 5 pieds de hauteur.

DORADILLE RADICANTE, *Asplenium rhizophyllum* (Lin.), famille des Fougères. Feuilles pédiculées, étroites, lancéolées ou ensiformes, entières, un peu en cœur à leur base où se trouve leur plus grande largeur, qui n'excède guère 6 lignes; elles sont terminées en une pointe fort longue, filiforme, qui se courbe vers la terre, y prend racine et produit un nouvel individu.

Elle croît dans la Virginie et le Canada.

DRÉPANOPHYLLE FAUVE, *Drepanophyllum fulvum*, (Hooker, Musc. exot. 145), famille des Mousses. Ces petites mousses forment des individus de deux formes différentes, habitant sur les mêmes troncs d'herbes, mais dans des sièges différents; les uns, selon Hedwig, sont mâles; les autres femelles. Les individus mâles se terminent par un faisceau de corps filamenteux, droits, serrés les uns contre les autres, et présentant à l'œil une espèce de pinceau de couleur pourpre. Chacun de ces corps a 12 à 16 articles, dont le plus bas placé est le plus long et persiste après la chute des autres. Les individus femelles portent des capsules ovoïdes dont l'opercule conique, convexe, est déprimé à la pointe, et le péristome nu. Elle se trouve dans les forêts de la Guyane française.

FICOIDE BLANCHATRE , *Mesembryanthemum albidum* (L.), famille des Ficoïdées. Plante acaule, lisse, blanchâtre ; feuilles subulées, trièdres, obtuses, semi-cylindriques à la base, très-entières. Fleurs grandes, jaunes, odorantes, solitaires, pédonculées ; 11 stigmates.

FISSILIER SERRÉ , *Olax stricta* (Brown), famille des Santolacées. Nouveau genre sous le nom de Spermaxyrum, fondé par Labillardière, adopté par De Candolle dans son Prodromus.

Spermaxyrum — genre, de la famille des Olacinées (De Cand.) , — calice petit, entier, ne se développant point après la floraison. Pétales dont quatre unis par paires aux filaments des étamines, et présentant une apparence bifide , le cinquième libre, entier. Appendices filiformes, simples. Trois étamines dont deux adhérentes aux pétales réunis, la troisième libre. Ovaire à une seule loge contenant trois ovules supendus au sommet de l'axe central. Le fruit est une drupe sèche monosperme.

Les feuilles sont distiques et disposées le long des rameaux à peu près comme les folioles des feuilles pinnées le long du pétiole commun ; quelquefois nulles. Les fleurs par avortement sont polygames.

Spermax. strictum, se distingue par ses feuilles linéaires , oblongues, mucronées.

Cette plante se trouve à la Nouvelle-Hollande, près du port Jackson.

FRAGILAIRE DES MURAILLES , *Fragilaria muralis* (Turpin), *Lyngbya muralis* (Agardh). Cette Oscillariée se compose de tubes membraneux seulement distincts au microscope, diaphanes, et contenant la matière verte en segments ou en tranches superposées, qui deviennent, selon la plupart des auteurs, les séminules, et qui, selon Turpin, sont des modifications de la globuline captive. Elle se trouve à terre, sur les murs et les bois humides où elle forme une couche verdâtre.

GAILLARDOTELLE, *Gaillardotella*, de la famille des Chaodinées de Bory Saint-Vincent. Genre: filaments microscopiques, simples, atténués en cils muqueux et divergents, munis à leur base d'une sorte de bulbe ou article globuleux.

Gaillardotelle flottante, *Gaillardotella natans* (B.), *Linckia natans* (Lyngbye), *Rivularia natans* (Roth.): figure globuleuse; grosseur d'un petit pois, et même d'une noisette. Elle croît au fond des eaux, sur la terre ou sur les plantes inondées, d'où elle se détache avec l'âge et vient flotter à la surface des mares, en y présentant l'aspect d'une trémelle.

GANITRE AZURÉ, *Elæocarpus cyaneus* (Sims), famille des Elæocarpées. Arbrisseau à feuilles oblongues, lancéolées, dentées en scie, réticulées, à grappes florales, axillaires, serrées. Les fruits sub-globuleux contiennent un noyau poli; ce sont des drupes de couleur azurée. Les fleurs sont blanches.

Cette plante croît à la Nouvelle-Hollande.

GIRODELLE COMOIDE, *Girodella comoïdes* (Gaillon), *Conferva comoides*, fam. des Conferves. Ce genre de conferve se reconnaît à l'extrême ténuité de ses rameaux et à sa belle couleur brune. A la mer basse elle forme d'immenses prairies sur les roches calcaires, sur les cailloux, sur les coquilles, où elle se fixe au moyen d'un petit épatement qui lui tient lieu de racines. Dillwen, qui l'avait rangée avec assez de raison dans les Conferves, lui donna son nom spécifique, en raison de la ressemblance de ce végétal avec la chevelure couchée et roussâtre d'un enfant qui sort du bain. Dans cette plante, comme dans les Vaucheria, les filaments examinés au microscope forment des tubes composés d'un long article simple ou rameux dépourvu de toute espèce de cloisons. Les globules qui s'y développent prennent en s'allongeant la forme naviculaire. Ces filaments sont composés d'une substance muqueuse, blanche et diaphane, qui, comme dans les autres productions confervoïdes, précède la formation de tout organe intérieur. Les navicules qui existent dans la Girodelle comoïdes y sont dirigée confusément dans le sens longitudinal.

GLOBULINE, *Globulina* (Turpin). La globuline est le nom donné par Turpin à l'élément essentiel de l'organisation végétale. Cet organe fondamental, dit l'auteur (*observations sur quelques végétaux microscopiques*, etc., Académie des Sciences, 12 juin 1834), véritable corps reproducteur de toutes les masses organiques du règne végétal, ayant été méconnu dans ses analogies, a reçu les dénominations suivantes, selon qu'il s'est présenté sous divers aspects ou en des lieux différents ; matière verte, croûtes pulvérulentes, séminules ou gongyles, aura seminalis, chlorophylle, amidon ou fécule, etc.

La globuline apparaît partout où il y a de l'humidité, de l'air, de la lumière. Elle est susceptible de se présenter sous toutes les couleurs.

Comme tout végétal, la globuline naît, vit, croît et se reproduit toujours la même, sans jamais passer par juxtaposition, de l'état de globuline, à celui d'un végétal un peu plus compliqué, d'une oscillaire ou d'une conferve. Une erreur d'optique a pourtant répandu cette opinion ; c'est qu'on a confondu avec la globuline les matières vertes qui prennent naissance dans les eaux croupissantes ou dans les infusions de viandes ou de végétaux, et qui ne sont autre chose que des amas considérables d'infusoires verts, d'*enchélides*, de *cercaires*, et d'autres moins connus ; à mesure que le liquide s'évapore, ces animaux se serrent les uns contre les autres ; la dessiccation achevée, ils meurent, et leurs cadavres rapprochés offrent quelque ressemblance avec l'organisation vésiculaire d'une *ulva* ou d'une feuille de jungermane.

La globuline n'est pas une production spontanée ; elle contient en elle un grand nombre de globulins attachés à ses parois intérieures et destinés à la reproduire. On voit, quand on examine une masse de ces globulines à divers états, quelques vésicules se crever, et lancer au dehors leurs globulins absolument de la même manière qu'une vésicule polli-

nique expulse ceux qu'elle renferme. Ce petit végétal peut
donc être considéré comme une sorte d'ovaire isolé. Il arrive assez souvent qu'un globule favorisé se développe outre
mesure; alors la vésicule, devenue transparente, permet d'a-
percevoir dans son intérieur les globulins reproducteurs;
d'autrefois elle semble offrir une espèce de germination.

Le genre globuline se compose d'êtres qui marquent le
premier degré visible du règne végétal; ces êtres ne présentent aucun signe d'animalité; ils sont fixés sur les corps
où ils ont pris naissance et toujours immobiles. Jamais une
vésicule de globuline végétale n'acquiert, par l'effet de son
isolement, la faculté du mouvement volontaire, comme plusieurs auteurs l'ont annoncé. Ce qu'on a écrit sur la matière verte ne s'applique qu'en partie à la globuline.
Comme corps distinct, cette matière verte n'existe pas; c'est
une dénomination collective attribuée à des choses fort différentes.

La globuline se présente sous trois états différents : *solitaire, enchaînée, captive.*

Solitaire. Elle forme le genre que nous décrivons spécialement dans cet article. Elle affecte le plus souvent la couleur
verte; mais elle peut se présenter sous toutes les couleurs, et
si on l'examine sur des verres suspendus dans une serre, on
la voit passer successivement au jaune, à l'aurore, au pourpre. Ces diverses couleurs, semblables à celles que produit
le prisme, paraissent dues à la réunion des globulins dans
l'intérieur des vésicules-mères; elles s'évanouissent dès qu'on
isole les globulins et qu'on les soumet à un très-fort grossis-
sement de microscope; ils deviennent alors blancs et diaphanes.

Enchaînée. Le globule au lieu de se développer solitaire-
ment, est toujours précédé par un thalle fibreux légèrement
aplati ou coralloïde, dont il émane directement. (Voir
Alysphérie, page 3 de ce volume.

Captive. Elle constitue l'organisation végétale compliquée,
le tissu cellulaire qui résulte de l'allongement des vésicules,
nées bout à bout; ainsi déformée elle produit les mailles de ce

tissu ; se déposant sous sa forme globuleuse dans les mailles du même tissu, elle donne les couleurs si riches, si variées, dont se parent les feuilles et les fleurs. Nous avons déjà vu, en effet, que, dès l'origine du règne végétal, la nature accorde à la globuline solitaire toutes les couleurs qui doivent ensuite se manifester dans le reste des végétaux. Si les tissus qui composent les grandes masses des végétaux ont perdu toute couleur, c'est que les vésicules qui les forment, globulines de diverses couleurs à leur origine, sont devenues blanches et diaphanes par leur grande extension. Cette masse toutefois n'est qu'une agglomération plus ou moins considérable de plus petits végétaux globuleux, univésiculaires, ayant leur principe vital d'action, d'organisation et de reproduction, accrus par *extension* des parois intérieures, nés par *accouchement* de pareils végétaux qui les ont précédés. Tous ces êtres composants, quoique jouissant d'une vie propre, n'en restent pas moins assujettis aux limites des contours qui produisent les diverses formes, et à la durée de la vie d'agrégation du végétal composé.

Les globules des sucs laiteux des végétaux, les globules du sang et ceux du lait chez les animaux, ont la plus grande analogie avec la globuline, et semblent devoir être soumis au même mode de reproduction et de multiplication : dès que la matière commence à s'organiser elle se globulise. Tout globule plein est composé d'une foule de plus petits globules ; ce globule composé, en obéissant à une force vitale intérieure et expansive, se creuse insensiblement, s'étend et devient une vésicule.

GLOBULINE VÉSICULAIRE SOLITAIRE. Organisation végétale simple. Espèces comprises vulgairement sous le nom de Lepra.

Globuline botryoïde, *Lepra botryoïdes*. La première, qu'observa M. Turpin, présente des amas de globulines de couleur et de grosseur différentes. Cette espèce est très-commune et ressemble à une poudre verte répandue sur l'écorce des arbres, sur les pierres et sur la terre, dans les lieux obscurs et un peu humides.

Globuline blanche, *Lepra lactea*, se développant sur l'écorce des arbres et sur les mousses où elle forme une croûte très-blanche, spongieuse, farineuse, ou qui ressemble à de la chaux.

Globuline noire, *Lep. atra*, croûte peu épaisse, fendillée, très–noire, se trouvant sur les troncs des vieux arbres.

Globuline couleur de soufre, *Lep. sulfurea*, vivant sur les écorces, principalement sur celles des chênes et des bouleaux.

Globuline bleue, *Lep. cærulea*, vivant sur les vieilles planches à demi-pourries. Elle forme une croûte mince, large, presque poudreuse ou finement veloutée, et d'un bleu tirant sur la couleur de l'indigo ; elle devient un peu grisâtre en se séchant.

Globuline rouge, *Lep. rubens odorata*, vivant sur l'écorce du bouleau, sur les pierres, dans les fentes des rochers où elle forme une croûte large, très-rouge dans sa jeunesse, et qui devient d'une couleur pâle ou jaunâtre, à mesure qu'elle vieillit et qu'elle se sèche. Elle a une odeur d'iris de Florence.

Globuline sanguine, *Protococcus nivalis*, vivant au bas des murs très-humides où elle forme comme de grandes taches de sang plus ou moins noirâtres. Vue au microscope, elle ressemble assez bien aux globules du sang des mammifères.

Globuline visqueuse, *Globulina viscosa*, amas de vésicules de différentes grosseurs. Celles-ci offrent habituellement un phénomène déjà signalé. La vésicule unique, qui constitue le petit végétal, se dilate; les globulins en font autant, et donnent naissance à une deuxième génération de globulins. On observe un emboîtement semblable dans les volvoces.

Globuline du vin, de la bière. La découverte des globules vésiculeux dont est composée la levure ce bière, et de l'organisation végétale de ces globules remonte à Leuwenhœck ; mais il pensait que ces globules tiraient leur origine de la farine d'orge ou d'avoine employée. Ces observations furent reprises avec le plus grand soin par MM. Cagniard Latour et Turpin. Ces savants suivirent toutes les époques de la formation de la bière; ils reconnurent d'abord avec Leuwenhœck que la levure, matière qui s'isole du moût de la bière pendant la fermentation sous forme d'écume, est une agglomération de petits individus globuleux ou légèrement ovoïdes, vésiculeux, transparents, remplis de globulins, les plus gros ayant 1/100 de millimétre, sans mouvements spontanés, et par conséquent végétaux. Si plusieurs de ces globules se trouvent emprisonnés dans une bulle d'air, ils se gênent mutuellement et deviennent polygones.

Une heure après la mise du levain, la fermentation étant commencée, on voit ces globules ayant poussé un et quelquefois deux petits bourgeons plus transparents que le globule maternel. En continuant à les examiner pendant tout le temps que l'on prolonge dans les brasseries la fermentation du liquide, on suit l'accroissement progressif de leurs articles, et on voit se former des individus moniliformes, composés pour la plupart de quatre à cinq articles vésiculeux qui se terminent par un bourgeon naissant. Les petits végétaux non arrêtés dans leur développement, constituent en s'achevant le *mycoderma cervisiæ* (Desmaz.). Mais ordinairement, la fermentation de la bière est suspendue avant qu'ils soient arrivés à cet état. Troublés dans leur végétation, ils se désarticulent et paraissent sous forme de levure nouvelle. Dans la bière en bouteille, ces végétaux, auxquels Turpin donnait le nom de *torula cervisiæ*, continuent à s'accroître; ils deviennent plus robustes et plus rameux. Leurs articles légèrement verdâtres sont ovoïdes, pyriformes et quelquefois remarquablement allongés; ils contribuent à donner à la bière la qualité nutritive et l'onctuosité; quand elle mousse, ils montent à la surface.

L'on ne doit plus s'étonner que chaque cuvée de bière produise 5 à 7 fois plus de levure que celle employée dans la mise en levain. Le liquide en fermentation est un milieu où s'opère cette multiplication végétale, comme celle du grain de blé déposé dans un terrain convenablement préparé.

D'après cette idée, Turpin prépara un mélange d'eau et

de sucre. Il y sema des globules de la levure de bière, exposa le tout à une température de 25 degrés ; deux jours après la plupart des globules commençaient à germer.

GYROSTÈME, *Gyrostemon*, genre établi par Desfontaines (Mémoires du muséum, t. 6 et 8), famille des Tiliacées. Fleurs dioïques à calice découpé supérieurement en 6 ou 7 lobes courts et étalés, point de corolle dans les fleurs mâles ; anthères nombreuses, rapprochées, sessiles, disposées en cercles concentriques, tétragones, obtuses au sommet, à 2 loges s'ouvrant longitudinalement sur les côtés ; dans les fleurs femelles, 20 à 40 styles aigus, un peu charnus, disposés en cercle sur un seul rang ; ovaire libre, ovoïde avec 20 à 40 côtes un peu saillantes dont chacune est marquée d'un léger sillon : autant de loges renfermant un ovule oblong placé près de leur bord interne et attaché à un placenta central. Le fruit mûr se compose de capsules en même nombre, rapprochées circulairement les unes des autres autour d'un axe central, très-comprimées, minces, s'ouvrant en deux valves uniloculaires, monospermes ; graine recourbée, rugueuse, marquée de stries transversales, attachée par sa base vers le sommet de la loge à l'axe central ; embryon grêle à cotylédons accombents, à radicule infère, fortement arqué et enveloppé dans un périsperme charnu.

Deux espèces originaires de la Nouvelle-Hollande.

Gyrostème a feuilles de Fustet, *G. cotinifolium*, arbuste de 5 à 6 pieds, garni de feuilles alternes, ovales, entières, lisses et glabres, et de fleurs disposées en grappes.

Gyrostème rameux, *Gyrostemon ramulosum* (Desfontaines). Arbrisseau divisé en un très-grand nombre de rameaux grêles, verts, glabres, inégaux, un peu fragiles, sans feuilles et sans nœuds ; à l'aisselle des rameaux naissent des fleurs solitaires, soutenues par un pédicelle court et grêle.

HÉDYOSMÉE DE BONPLAND, *Hedyosmum Bonplandianum* (Kunth), famille des Chloranthées. Arbrisseau à rameaux arrondis, glabres ; feuilles opposées, pétiolées, oblongues, aiguës, cunéiformes à leur base, dentées en scie, veinées, glabres, longues de 3 à 4 pouces ; pétioles réunis inférieurement dans une gaîne lâche; stipules placées entre les pétioles, géminées, petites; pédoncules portant les fleurs mâles, axillaires, naissant deux par deux, opposés, portant, l'externe un seul épi plus court, l'interne trois épis, dont deux inférieurs et garnis de bractées; les fleurs mâles sont sessiles, formées d'une étamine nue, rapprochées les unes des autres. L'anthère se compose d'un corps épais, convexe terminé par une espèce de renflement, aux deux côtés duquel sont attachées les loges polliniques; les pédoncules des fleurs femelles sont axillaires, solitaires, opposés, terminaux, naissant par 3 ou 5 rameaux, accompagnés de bractées. Les fruits sont solitaires, épars, sessiles, recouverts par le calice, oblongs, enfermés dans un involucre cupuliforme.

Cet arbrisseau croît sur le mont Quindiu, dans la Nouvelle-Grenade, à une hauteur de 12 à 1400 toises. Il fleurit en octobre.

HERMANNE A CALICES ENFLÉS, *Hermannia inflata.* Famille des Hermanniées. Arbrisseau à tige légèrement recouverte de duvet ainsi que les rameaux; feuilles de couleur roussâtre, profondément incisées, terminées en pétioles, trifides à leur sommet, bidentées latéralement, glabres; stipules lancéolées, pointues; pédoncules biflores penchés, fleurs en grappes terminales; calices vésiculeux, globuleux, villeux; pétales un peu plus longs que le calice; fleurs jaunes très-abondantes; le fruit est une capsule globuleuse, de la grosseur d'une petite cerise à cinq sillons profonds; les loges contiennent trois graines.

Les graines réniformes sont attachées à la colonne centrale.

Cette plante croît au cap de Bonne-Espérance.

HÉLIÉRELLE, *Helierella* (Bory), végét. microscopiques. *Genre.* 8, 12, 16, vésicules de formes variables, vertes, transparentes sans granulations ou avec granulations propagatrices, soudées immédiatement ou liées entre elles au moyen d'une membrane muqueuse et incolore; disposées diversement, mais toujours de manière à former une figure rayonnante et symétrique.

Héliérelle a vésicules en forme de rein, *Helierella renicarpa* (Turpin). 8 vésicules en forme de rein avec un sinus profond, vertes, transparentes, sans granulations apparentes, soudées ensemble et disposées dans l'ordre suivant : une au centre, 7 autres placées autour, ayant leurs sinus dirigés vers l'extérieur, de telle sorte que le dos de l'une de celles-ci correspond toujours avec le sinus de la vésicule centrale. Dans l'espace qui sépare la vésicule centrale des 7 autres de la circonférence, on remarque 7 points lumineux. Elle habite dans les eaux douces et pures parmi les conferves.

Héliérelle de Napoléon, *Helierella Napoleonis* (Turpin). Six vésicules, bicornées, vertes, vitrées, scintillantes, sans granulations apparentes, terminées par une petite portion de substance blanche et muqueuse ; ces vésicules soudées côte à côte forment une étoile régulière. Au centre de cette étoile à 12 branches, est un trou rond autour duquel se trouve un champ granulé et orné par une sorte de petite couronne formée de 6 trous, entre chacun desquels sont 2 aréoles. En dehors de cette couronne on observe encore 6 autres aréoles situées au point du sinus des vésicules bicornées.

Elle se trouve dans les eaux douces et pures parmi les conferves.

Héliérelle de Bory, *Helierella Boryana* (Turpin). 16 vésicules de diverses formes, vertes, vitrées, scintillantes, contenant chacune 4 à 5 globules propagateurs, d'un vert-émeraude très-brillant, et liées par une membrane commune, muqueuse, blanche ou légèrement irisée, très-difficile à apercevoir à cause de sa grande transparence. Cette membrane, susceptible de s'étendre ou de se contracter, de manière à ce que les vésicules paraissent tantôt distantes les unes des autres, et tantôt contiguës, constitue avec les 16 vésicules cette brillante espèce. Les 16 vésicules composantes ont la disposition suivante : au centre une vésicule pentagone entourée de 5 autres à peu près semblables. 10 autres dont 5 opposées à celle du centre, et 5 alternes avec elle, forment la circonférence. Celles-ci ont une base tronquée, et des côtés dans lesquels on retrouve la forme pentagonale ; mais elles diffèrent de celles du centre, en ce que leurs côtés extérieurs se divisent en 2 mamelons coniques, terminés chacun par une corne blanche, muqueuse et renflée en globule à l'extrémité comme la corne d'un limaçon. Lorsqu'on observe cet être dans un lieu chaud, il n'est pas rare de voir plusieurs des cornes muqueuses lancer de leurs extrémités une poussière de globules de la même manière que les vésicules polliniques.

Cette espèce habite dans les eaux douces et pures parmi les conferves.

Héliérelle tronquée (Turpin). 7 vésicules irrégulièrement disposées par rapport les unes aux autres. Chacune d'elles contient 5 globules, et semble être la première moitié d'un cône qui aurait été tronqué au milieu de sa hauteur.

HÉTÉROCARPELLE, *Heterocarpella*, genre de végét. microscop. de la famille des Chaodinées, établi par Bory Saint-Vincent.

Commencement d'une organisation un peu compliquée ; vésicules soudées 2 à 2 ou 4 à 4, sphériques, triangulaires ou carrées, marquées dans leur centre, d'une aréole de couleur verte. Les espèces ont été établies d'après la différence de ces formes.

Hétérocarpelle a deux vésicules, *Heterocarpella geminata* (Bory), *H. Binalis* (Turpin). Vésicules carrées munies de deux gibbosités extérieures, et au centre, d'une aréole ovale, unies deux à *deux*.

Cette espèce, ainsi que la suivante, habite les eaux douces et pures, parmi les conferves.

Hétérocarpelle quadrijugée, *Heterocarpella tetracarpa*. Vésicules de 6 à 20 fois plus considérables que celles de l'espèce précédente, ovoïdes ou ob-rondes, paraissant divisées en quatre quartiers par deux sections en diamètre ; chacun de ces quartiers contient un plus petit globule.

Hétérocarpelle amère, *Heterocarpella amara* (Turpin). Quatre vésicules dépourvues d'aréoles, liées entre elles au moyen d'une espèce de plateau percé d'un trou au milieu, couleur vert-olive.

Observée par Turpin dans du vieux fiel de bœuf, cette production, comme tous les êtres organisés, commence par un globule blanc et muqueux qui, à l'époque de sa formation, est doué d'un mouvement de trépidation assez vif. Ce mouvement est probablement dû au déplacement des molécules d'eau qui se séparent et s'élèvent dans l'atmosphère pendant l'évaporation ; à mesure que les globules de l'Hétérocarpelle amère se développent pour devenir des individus composés, ils perdent la faculté du mouvement et deviennent inertes.

HYPNUM DÉLICAT, *Hypnum delicatulum* (Lin.), *leskea subtilis*, famille des Mousses (Hedwig). Tiges rameuses, à rameaux très-déliés, cylindriques, couchés, assez longs ; feuilles imbriquées également tout autour de la tige, lancéolées, linéaires, écartées au sommet, très-aiguës, sans nervure ; pédicules latéraux, longs de 6 lignes environ. Urne cylindrique, droite ou peu inclinée ; opercule terminé par une pointe assez longue, oblique ; cette jolie mousse croît au pied des arbres.

On la trouve aux environs de Paris, à Meudon, Verrières, etc.

JONCINELLE DENDROIDE, *Eriocaulon dendroïdes* (Kunth), famille des Ériocaulées. Tiges feuillées, droites, simples, longues d'un pouce ; feuilles sessiles, lancéolées, linéaires, très-étalées, planes, glabres ; longues d'un pouce ; pédoncules terminaux en ombelle, longs d'un à trois pouces ; gaîne aiguë, ciliée au sommet, longue de 6 lignes. Tête à demi globuleuse de la grosseur d'un pois ; écailles en forme d'involucre, ovales, aiguës ; les intérieures lancéolées, obtuses, pileuses et ciliées ; le réceptacle convexe et pileux. Dans les fleurs mâles un calice extérieur à 3 découpures profondes, ovales, oblongues, obtuses, pileuses et ciliées ; un calice intérieur tubulé, glabre, élargi vers son sommet, entier, plus court que l'extérieur ; trois étamines insérées sur le calice interne. Dans les fleurs femelles, le calice intérieur a 3 découpures profondes, ovales, spatulées, égales, obtuses, pileuses. Un ovaire glabre, presque globuleux à 3 sillons, surmonté d'un style qui se divise en 3 branches bifurquées ; une capsule à 3 loges.

Cette plante croît sur les plaines des montagnes de Bogota, à la hauteur de 1340 toises.

JOUBARBE DES MONTAGNES, *Sempervivum montanum* (L.), famille des Crassulacées. Tige haute de 3 à 6 pouces, ordinairement rougeâtre, hérissée de poils glanduleux ; feuilles oblongues, courtement acuminées, mucronées, ciliées ; celles des rosettes glabres aux deux faces, celles de la tige, pubérules aux deux faces ; vertes ou rougeâtres, 3 à 4 fois plus petites que celles de la joubarbe commune ; rosettes sub-globuleuses ; cime sub-triradiée, calice à 12 profondes divisions (il peut y en avoir 10 ou 14) ; pétales linéaires, ou linéaires-lancéolés, acuminés, 3 fois plus longs que le calice, d'environ 4 lignes, d'un rose vif avec une ligne pourpre au milieu ; filets pourpres de moitié plus courts que les étamines ; anthères jaunes.

Cette espèce croît sur les rochers des Alpes.

LINAIGRETTE A FEUILLES ÉTROITES, *Eriophorum angustifolium* (Roth.), famille des Cypérées. Ayant beaucoup de ressemblance avec l'*Eriophorum polystachyon*, cette plante s'en distingue par ses feuilles plus étroites, plus longues que les tiges, trigones à leur sommet, pliées en carène ; par ses épis, que soutiennent des pédoncules un peu rudes, toujours simples, plus longs et plus redressés, accompagnés à leur base d'un involucre de 2 à 3 folioles inégales, plus longues que la panicule, dont une plus grande, souvent longue de 3 pouces ; les écailles scarieuses d'un gris-blanchâtre, sont bordées de blanc ; les aigrettes allongées. Les racines sont rampantes.

Cette plante croît dans les prés marécageux en France, en Allemagne, en Angleterre.

LORANTHE a petites fleurs, *Loranthus parviflorus* (Lam.), *uniflorus* (Lin.), famille des Loranthées ; plante ligneuse, parasite, à rameaux ouverts et fragiles, elle végète sur les arbrisseaux, et ses racines en embrassent étroitement les branches.

Les feuilles sont opposées, pétiolées, presque ovales, obtuses, légèrement mucronées, entières, coriaces, très-glabres
et marquées de nervures latérales, partant de la côte moyenne.
Les feuilles ont souvent les formes altérées. Les pédoncules
sont axillaires et terminaux, solitaires, à peu près de la longueur des feuilles, et sont chargés vers leur extrémité de quatre ou six fleurs pédicellées, presque disposées en corymbes.
Les fleurs sont petites et inodores ; le calice est partagé en
trois divisions ovales, concaves, aiguës, droites ; les pétales
sont purpurins, obtus, très-ouverts, de la longueur de l'ovaire.
Les filets des étamines sont une fois plus courts que les pétales ; trois d'entre eux ont un peu plus de longueur que
les autres, et soutiennent chacun, au lieu d'anthère, un
petit corps qui en a la forme, mais qui n'a pas la même
couleur, et qui ne renferme pas de pollen. La baie est cylindrique, un peu aplatie, recouverte d'une écorce noirâtre ;
la pulpe en est glutineuse et laiteuse.

Cette espèce croît naturellement dans les bois à Saint-Domingue.

LYCOPODE DENTÉ, *Lycopodium serratum*, (Thunberg),
famille des Lycopodiacées. Tige couchée à la base, mon-
tante et redressée dans sa partie supérieure, qui est bifurquée ou dichotome ; elle a plus de six pouces de longueur
et est garnie de feuilles dans toute son étendue ; les feuilles
sont quaternées, nombreuses, rapprochées les unes des autres,
linéaires, lancéolées, dentées sur les bords, glabres, ouvertes
ou même recourbées. Les capsules viennent dans toute la longueur de la tige, et sont sessiles dans les aisselles des feuilles.

Cette plante est indigène du Japon.

METROSIDEROS GLAUQUE, *Métrosideros glauca*
(Bonpl.).—*Callistemon speciosum* (de Cand.), famille des Myr-
tinées. Arbrisseau à branches longues, flexibles ; feuilles
éparses lancéolées, veinées, mucronées. Les jeunes pubescentes, les adultes glabres, longues de 2 à 3 pouces, larges de
4 à 5 lignes. Épis couronnés, denses, ovales, oblongs, longs
de 3 à 4 pouces. Dents calicinales obtuses, velues ; filets très-
longs, d'un pourpre écarlate fort brillant.

Cette espèce, comme ses congénères, est indigène de la Nouvelle-Hollande. Elle s'élève bien dans les serres, dans un mélange de terreau de bruyère et de terre franche.

MOUREILLER A GRANDES FEUILLES, *Malpighia macrophylla* (Desfont. Catal. hort. par.), famille des Malpighiacées. Feuilles elliptiques, ou elliptiques-oblongues, arrondies aux deux bouts, glabres en dessus, hispides en dessous. Ombelles axillaires sessiles ; pédicelles grêles, trois fois plus courts qne les feuilles. Feuilles longues de 11 à 15 centimètres, sur 3 à 6 de large. Fleurs petites, roses.

Ce petit arbre croît aux Antilles ; son fruit, qui peut atteindre le volume d'un œuf, est d'une saveur agréable.

MYOPORE A PETITES FEUILLES, *Myoporum parvifolium* (Brown), famille des Myoporinées. Petit arbrisseau dont les rameaux sont grêles, tombants ; à feuilles éparses, sessiles, linéaires, spatulées, très-étroites, obtuses, couvertes de petites verrues, quelquefois dentées au sommet.

Les fleurs sont blanches, solitaires ou géminées ; les pédoncules axillaires, filiformes, quelquefois bifurqués, sont plus longs que les feuilles ; les poils de l'orifice de la corolle sont peu nombreux ; les étamines sont peu saillantes.

Cette plante croît à la Nouvelle-Hollande.

NAVICULE A UN POINT, *Navicula unipunctata* (Bory). Végét. microsc. Petite espéce de forme variable, présentant tantôt celle d'un grain de riz, tantôt s'allongeant en pointe mucronée à chacune de ses extrémités ; elle est parfaitement transparente. Un seul point en globule, de couleur ferrugineuse, se voit au centre. Elle se trouve parmi les filaments de l'*Oscillaria investiens* (Moug.), dans les eaux qui descendent des Vosges.

NAVICULE OBTUSE, *Navicula obtusa* (Bory), une des plus grandes espèces, presque arrondie à ses extrémités. Elle est de couleur bistre tirant sur le blond. Outre un globule hyalin placé au centre, on distingue dans toute la longueur une petite ligne longitudinale également transparente. Elle nage très-lentement entre les conferves des marais, où Bory l'a observée plusieurs fois dans le mois d'octobre.

NAVICULE GRAMMITE, *Navicula grammitis* (Bory). Forme plus allongée et parfaitement linéaire; 3 globules intérieurs dont le central plus gros que ceux qui occupent les extrémités. Couleur blonde surtout autour du globule central qui en paraît plus brillant.

Cette espèce nage plus vite que les autres, et s'allonge sensiblement quand elle est pressée d'avancer. Sa longueur lui permet alors de légers mouvements de flexion qu'on n'observe dans aucune autre espèce.

Observée parmi les conferves au mois d'octobre, dans les fossés de Bruxelles.

NAVICULE AMPHISBÈNE, *Navicula amphisbœna* (B.). Ovale, large, présentant au centre un organe comme vibrant, quoique l'ensemble de l'être soit immobile. Une ligne, souvent fort marquée, coupe toute la navicule longitudinalement comme si elle était bivalve; et vers les extrémités, à l'endroit où cette section apparente atteint le limbe, s'étendent deux corps ovoïdes, transparents, distingués par un étranglement. Le reste de la navicule est de couleur bistre, si ce n'est deux globules hyalins qui sont alternes dans l'intérieur aux deux extrémités, et en dehors par conséquent de la ligne centrale.

Trouvée au milieu de conferves, dans la Marne sous le pont de Charenton.

NAVICULE BITRONQUÉE, NAVICULE FUSEAU, *Navicula bitruncata* (Bory). Ovale, oblongue, tronquée aux deux extrémités, marquée d'une ligne longitudinale flexueuse, elle paraît comme cylindracée; elle est hyaline, mais la décomposition des rayons lumineux la fait paraître souvent bleuâtre.

On la trouve errante dans les eaux les plus pures.

NAVICULE DE GAILLON, *Navicula Gaillonii* (Bory). Linéaire, très-aiguë à ses deux extrémités, parfaitement vitrée, quelquefois un peu teinte en brun-pâle, contenant 2 à 8 globules transparents, disposés longitudinalement. On voit un grand nombre d'individus se réunir par l'une de leurs pointes comme la plupart des Bacillariées pour former un petit faisceau, dont les pointes extérieures divergent.

Trouvée en abondance sur les ulves et les achnantes des côtes du Calvados.

Navicule oblique (Turpin). Corpuscules semi-obliques contenant plusieurs petits globules dans leur intérieur, un peu amincis vers leurs extrémités qui sont complétement transparentes.

Navicule tranchet, *Navicula scalprum* (Gaillon). Vésicule allongée en forme de navette de tisserand, uniloculaire, à pointes arrondies ou émoussées, blanche et diaphane, le plus souvent légèrement contournée en S ou en tranchet, quelquefois droite, non cylindrique, de manière à offrir, selon le côté sur lequel elle se montre, tantôt la forme naviculaire, tantôt la forme d'un petit bâton tronqué aux deux extrémités, sans contractions apparentes, ayant un mouvement lent de locomotion. Dans l'intérieur de cette vésicule-mère naissent une foule de plus petites vésicules d'un jaune d'ambre, et qui affectent diverses formes selon le jour sous lequel on les observe. Chacune de ces vésicules-mères peut être regardée comme l'analogue d'un article de conferve; les vésicules intérieures représentent la globuline colorée captive. Quand on observe longtemps ces navicules, on saisit l'instant où des individus lancent par l'une de leurs extrémités une foule de petits globules vésiculaires blancs et diaphanes. Ces globules acquièrent au bout de quelques jours la faculté de changer de place; ils grossissent, se colorent, et tendent à se rappocher; on les voit ensuite en s'allongeant, par deux points opposés, devenir peu à peu une vésicule-mère.

Cette production fut considérée par M. Gaillon, qui la découvrit, et ensuite par Bory, comme animale; mais Turpin et M. de Blainville lui contestent complétement cette propriété, et pensent qu'elle doit être rangée ainsi que les espèces précédentes, parmi les premières organisations végétales. Rien, en effet, ne démontre leur contractilité, et quant à leurs mouvements, ils sont trop incertains pour qu'on puisse en tirer un caractère d'animalité. C'est un assemblage de ces navicules qui constituent la matière, brun-chocolat et d'un aspect huileux, que l'on voit recouvrir la vase dans les bassins des ports à la mer basse. A mesure que la mer monte, elle détache quelques portions de cette matière qui vient flotter à la surface comme des amas d'oscillaires. Cette matière, séchée à l'air, perd sa couleur brune, et devient d'un vert tendre, brillant.

NÉLUMBO A FLEURS JAUNES, *Nelumbium luteum* (Wild.), famille des Nymphéacées. Feuilles orbiculaires, mucronulées, et légèrement échancrées au sommet, très-entières, ondulées, lisses, un peu glauques, à nervures nombreuses, ombiliquées, plus ou moins concaves en dessus; les jeunes flottantes, les adultes s'élevant au-dessus de la surface de l'eau; pétiole scabre à la surface, fongueux à l'intérieur; fleurs grandes; pétales d'un jaune pâle, réceptacle fructifère ligneux, de 3 à 4 pouces de diamètre; nucules ellipsoïdes du volume d'un gland.

Cette espèce croît dans le midi des États-Unis d'Amérique; ses feuilles se développent à la fin du printemps, et ses fleurs ne paraissent qu'au milieu de l'été. Il paraît qu'on mange les tubercules des racines, ainsi que l'amande des graines.

OROBANCHE UNIFLORE, *Orobanche uniflora* (Lin.), famille des Orobanchées. La même racine porte plusieurs tiges grêles, très-simples, sans rameaux, nues, n'ayant qu'à leur base quelques feuilles ou écailles, ovales, aiguës, imbriquées.

Il n'y a qu'une seule fleur terminale, sans bractées; le calice est à 4, 5 divisions ovales, aiguës, un peu élargies à leur base. La corolle, d'un bleu pâle, est tubulée, rétrécie au-dessus de l'ovaire, divisée à son orifice en 4, 5 lobes arrondis; l'ovaire est globuleux.

Cette plante est indigène de la Virginie.

ORME DE CHINE, *Ulmus Chinensis* (Pers. Ench.), *Ulmus parvifolia, planera parvifolia, microptelea parvifolia, Ulmus pumila;* famille des Ulmacées. Petit arbre à écorce lisse comme celle du platane. Les couches extérieures se détachent chaque année sous forme de plaques dures, irrégu-

lières; rameaux étalés, ramules grêles, flexibles, souvent plus
ou moins inclinés, jeunes pousses finement pubérules, feuilles longues de 4 lignes à 2 pouces, luisantes, d'un vert foncé,
et rugueuses en dessus, d'un vert pâle et réticulées en dessous, lancéolées ou oblongues, ou ob-ovales, sub-obtuses ou
courtement acuminées, plus ou moins inéquilatérales, à base
tantôt presque égale, tantôt plus ou moins fortement inégale, arrondie ou tronquée; dents égales ou presque égales,
obtuses, contiguës, cartilagineuses aux bords; pétiole
long de 1 ligne à 3, cylindrique, grêle, finement pubérule,
de même que les jeunes feuilles; stipules petites, étroites,
linéaires.

Bourgeons floraux sub-globuleux, rougeâtres, plus courts
que le pétiole: périanthe long à peine de 1 ligne, d'un rose
vif; segments oblongs, obtus, ciliolés; pédicelles florifères,
inégaux, filiformes, un peu plus longs que le périanthe; anthères pourpres; samare ovale, d'un jaune verdâtre, un peu
scabre, longue de 4 à 5 lignes, à aile échancrée en 2 lobes den-
tiformes, obtus; pédicelles fructifères, nutants, longs d'environ deux lignes.

Cette espèce est originaire de Chine. Elle réussit assez
bien dans les départements méridionaux de la France, mais
elle ne peut résister, en plein air, aux hivers du nord. Cet arbrisseau fut apporté sous le règne de Louis XV, par un abbé
Gallois, qui voulut le faire passer pour le thé. De là le sur-
nom ironique de *thé de l'abbé Gallois.*

OSCILLAIRE TOURNANTE, *Oscillaria gyrosa* (Oscillaire
crépue de Bory-Saint-Vincent), famille des Oscillariées. Elle
atteint son entier développement durant l'automne, et nage à
la surface de l'eau en formant de grands tapis noirâtres qui
s'attachent aux corps tombés dans les mares. Quand l'eau est
en repos, les filaments qui la composent, très-fins, onctueux
au toucher, s'allongent jusqu'à 6 et 10 lignes en se frisant de
manière à former sur les bords des rosettes et des touffes cré-
pues et comme de petites mèches chevelues qui convergent
vers le centre où l'oscillaire s'épaissit en une masse compacte

d'un noir brillant tirant sur la couleur d'indigo. Au microscope, ces filaments paraissent diaphanes et à peine bleus; les articles en sont assez rapprochés et peu marqués.

On la trouve sur les eaux froides et stagnantes, particulièrement dans les rigoles pratiquées pour l'arrosement.

OSCILLAIRE ÉLÉGANTE, *Oscillaria formosa.* Trouvée par Bory près de Liége, le long de la rivière de Vesdre, elle forme sur les pierres et la vase, aux endroits rapides des petites chutes, des tapis en touffes du vert de gris le plus brillant avec des parties plus foncées. Ces tapis se composent de membranes superposées, pénétrées de bulles d'air, remplies de limon, et d'autant plus décolorées et jaunâtres, qu'elles sont plus inférieures. Hors de l'eau elle paraît presque noire. Au toucher elle est douce et onctueuse. Les filaments très-transparents ont à peine une teinte pâle d'émeraude; les segments, difficiles à distinguer, laissent entre eux des espaces carrés. L'extrémité paraît tantôt obtuse, droite et vitrée, tantôt courbée en crochet latéral. On distingue dans la longueur de certains filaments des interruptions de matière colorante qui forment des espaces parfaitement vitrés. Leurs mouvements sont rapides, ont lieu en tous sens, et rappellent ceux des dragoneaux. On voit de ces filaments ramper spiralement autour d'un filament voisin, ou se replier sur eux-mêmes pour former des nœuds d'enlacement.

OXALIS VIOLETTE, *Oxalis violacea* (Lin.), famille des Oxalidées. Plante acaule; feuilles à 3 folioles ob-cordiformes, pubescentes sur les bords; hampes ombellifères de 3 à 9 fleurs; ombelle simple ou bifurquée; fleurs nutantes, étamines hérissées, les intérieures gibbeuses à la base.

Les folioles sont longues de 8 lignes, les pétioles poilus, grêles, longs de 3 à 6 pouces; les sépales lancéolés, pointus, velus. La corolle campanulée, 3 fois plus longue que le calice; divisions ob-ovales striées d'un pourpre violet; onglets jaunâtres; styles pubérules plus courts que les étamines.

Bulbe sub-globuleux prolifère, de la grosseur d'une noisette.

Cette espèce se rencontre dans les États-Unis d'Amérique.

PARISIOLE RHOMBOIDALE, *Trillium rhomboïdeum* (Michaux); *Trillium erectum* (L.), famille des Trilliées. Racine offrant un bulbe arrondi, garni à sa surface de quelques filaments courts, capillaires. Chaque tige, assez élevée, est simple, garnie à sa partie supérieure de 3 feuilles grandes, ovales, verticillées, aiguës à leur extrémité. Il sort du centre du verticille un pédoncule allongé, droit, que termine une fleur dont le calice a les sépales presque égaux, ovales, aigus. Les trois extérieurs sont de couleur verte, les intérieurs colorés. L'ovaire est arrondi à 3 angles mousses ; les styles sont plus courts que les anthères.

Cette plante se trouve à la Virginie.

PARMELIA CHLOROPHANE, *Parmelia chlorophana*, *Lccaphoria chl.* (Acharius), famille des Lichens. Ce Lichen s'offre sous forme d'une croûte rugueuse, plissée, à aréoles saillantes, glabres, d'un jaune très-marqué. Le contour en est rayonné, à lobes convexes, incisés. Le disque des cupules est de même couleur, convexe, flexueux, et termine le bord de la fronde.

Ce Lichen croît sur les rochers, dans la Norwège, la Suède, les Alpes.

PITTOSPORUM TOMENTEUX, *Pittosporum tomentosum* (Bonpl.), famille des Pittosporées. Arbrisseau haut de 2 à 3 pieds, à rameaux alternes, droits, peu feuillus, cylindriques, dont les plus jeunes sont couverts d'un duvet tomenteux, grisâtre ; feuilles alternes, très-ouvertes, entières, longues de 2 à 4 pouces, aiguës inférieurement, terminées au sommet par une pointe, glabres, d'un vert foncé en dessus, recouvertes en dessous d'un duvet tomenteux, recourbées sur leur bord. Les pédoncules sont réunis en faisceaux aux extrémités des jeunes rameaux. Calice de 5 folioles verdâtres, ouvertes, lancéolées, scarieuses sur les bords et légèrement découpées. Corolle formée de 5 pétales réfléchis au sommet, réunis par leurs bords, obtus ; 5 étamines plus courtes que la corolle ; filets blancs, droits, aigus ; au sommet, anthères à 2 loges ovales, attachées par le milieu, aiguës au sommet, bifurquées à la base; ovaire supère, ovale, couvert de poils longs; style droit, stigmate obtus.

Cette plante croît à la Nouvelle-Hollande.

POIVRIER REVOLUTUM, *Piper revolutum* (Rich); *Piper reflexum*, famille des Pipéritées. Cette plante s'élève à la hauteur d'un pied, sur une tige droite, simple, charnue, glabre, très-grêle. Les feuilles inférieures sont sessiles et qua-ternées; les supérieures opposées sont médiocrement pédi-cellées et réfléchies; les terminales sont alternes, étalées, lan-céolées, acuminées, longues de 8 lignes, glabres, charnues, à 3 nervures peu sensibles. Les épis solitaires, terminaux, sont longs de 2 pouces, quelques-uns axillaires, géminés et plus courts; les pédoncules sont longs d'un demi-pouce, les fleurs serrées. Une écaille très-petite à chaque fleur; deux filets très-courts terminés par des anthères globuleuses à 2 loges; ovaire ovale, sans style; stigmate velu.

Cette plante croît sur les bords du fleuve des Amazônes, dans les vallées humides.

POIVRIER LISSE, *Piper lævigatum* (Kunth). Tiges s'élevant à la hauteur de 6 pieds et plus, munies de rameaux glabres, striés, et de feuilles longues d'un pied, ovales, allongées, ar-rondies à leur base, longuement acuminées, un peu coriaces, glabres, luisantes, à cinq nervures. Les pétioles longs d'un demi-pouce; les épis cylindriques presque longs de 3 pouces; les pédoncules longs de 4 à 5 lignes. Baies ovales, elliptiques, séparées, de la grosseur d'un grain de chenevis, portant le stigmate persistant ombiliqué, à 4 lobes.

Cette plante croît sur les bords du fleuve de la Madeleine, près Saint-Bartholomé et la montagne Barbacoa.

POLYPODE A FEUILLES DE PILOSELLE, *Polypo-dium piloselloïdes* (L.), famille des Polypodiées. Les racines sont velues, grêles, rampantes, assez ordinairement chargées de petites mousses; elles se divisent en rejets longs et nom-breux qui couvrent une grande étendue de terrain; les feuil-les sont simples, les unes stériles, les autres fertiles. Les pre-mières sont ovales, longues d'environ un pouce, quelquefois un peu lancéolées, vertes, épaisses, couvertes de poils courts et roussâtres ; les autres plus étroites, plus allongées, lancéolées, approchant de celles des saules, rétrécies à leurs deux extrémités, garnies en dessous de globules solitaires de la grosseur de petites lentilles, très-rapprochés, disposés longitudinalement sur deux rangs, velus et roussâtres.

Cette plante croît à Saint-Domingue et à la Martinique, dans les forêts humides, au pied des arbres et sur les rochers parmi les mousses.

POLYPODE A FEUILLES ÉPAISSES, *Polypodium crassifolium* (Lin.). Cette fougère a des racines très-grosses, tortueuses, inégales, écailleuses, chargées de mamelons tuberculeux, d'où s'élèvent plusieurs feuilles épaisses, membraneuses, lisses, d'un vert tendre, lancéolées, entières, longues d'environ 3 pieds, sur 4 à 5 pouces de large, rétrécies à leurs deux extrémités, à peine pétiolées, épaisses à leur base, traversées longitudinalement par une grosse nervure noirâtre ou brune qui se divise en d'autres plus fines, simples, latérales, parallèles, et entre lesquelles sont placés une suite de globules en lignes droites, latérales, à un seul rang entre deux nervures, de couleur fauve, et de la grosseur d'une petite lentille.

Cette plante se trouve dans les forêts de l'île Saint-Domingue.

PROTÉE COURONNÉ, *Protea coronata* (Lam.), famille des Protéacées. Arbrisseau qui s'élève à 6 ou 8 pieds, dont le tronc est droit, divisé en rameaux velus, cendrés, garnis de feuilles éparses, sessiles, étroites, lancéolées, un peu aiguës, presque glabres, la plupart lanugineuses à leur base, à nervures fines, latérales et rameuses, longues d'environ 6 pouces, larges d'un demi-pouce, quelquefois tachetées de noir, particulièrement à leur sommet.

Les fleurs sont réunies en une tête ovale, presque de la grosseur du poing, munies d'écailles imbriquées de formes très-différentes ; les extérieures linéaires ou lancéolées, acuminées, élargies à leur base, velues, se confondant presque avec les feuilles ; les intermédiaires, très-étroites, fortement élargies en spatule à leur sommet, très-velues aux bords de la spatule ; les intérieures quelquefois confondues avec les intermédiaires sont concaves, allongées, très-glabres; les divisions de la fleur sont velues et filiformes; les semences sont surmontées d'une aigrette roussâtre.

Cette plante croît sur la montagne de la Table, au cap de Bonne-Espérance.

PROTONÈME (Turpin), origine du tissu fibreux des végétaux (voir Protosphérie).

PROTOSPHÉRIE (Turpin, *Mémoires du Muséum*, t. 16). Dans le sein des eaux pures et tranquilles, douces ou salées, naturelles ou distillées, exposées à l'action de l'air et de la lumière, ou presque privées de ces deux agents, se développent deux productions végétales, microscopiques et des plus simples possibles.

L'une de ces productions consiste en des individus globuleux, muqueux, peut-être vésiculaires, blancs, diaphanes, sans granulation propagatrice visible, du diamètre d'environ 1/500 de millimètre.

L'autre se compose de longs filaments également muqueux, peut-être tubulaires, blancs, diaphanes, sans cloisons, sans granulations propagatrices visibles, et tellement ténus qu'on ne peut en comparer le diamètre qu'au pédicule des vorticelles.

Ces deux productions sont complétement inertes; elles paraissent à Turpin le premier essai dans l'organisation de la matière, et probablement les seules productions qui, dans la nature, soient spontanées, l'une n'étant que la substance muqueuse organisée sous la forme globuleuse, et la seconde probablement la première allongée.

Turpin donne à la première de ces organisations le nom de Protosphérie simple, et à la seconde le nom de Protonèmr simple.

Ces deux genres de végétaux, premier degré visible du règne organique, forment des individus élémentaires tout à fait analogues à ceux qui composent par agglomération les tissus cellulaires, les tissus fibreux et les tissus membraneux des végétaux et des animaux. Une masse d'individus vésiculaires de protosphéries représente les éléments épars d'un tissu cellulaire végétal ou animal. En soudant par approche tous ces individus, on forme réellement le tissu cellulaire, preuve que les nombreuses modifications présentées par les êtres organisés, n'ont jamais lieu qu'au moyen de sur-ajoutement de parties. Si dans le tissu cellulaire, les vésicules apparaissent sous forme polyédrique, cette forme ne doit être attribuée qu'à la compression qu'exercent les unes sur les autres les vésicules associées.

Les Protosphéries diffèrent des Globulines (voir ce mot, même vol.), en ce que celles-ci, plus volumineuses ordinairement, présentent déjà dans leur intérieur les globulins reproducteurs.

RAMONTCHI DES HAIES, *Flacourtia sepiaria* (Roxburgh), famille des Flacourtiées. Buisson irrégulièrement rameux; écorce lisse d'un brun ferrugineux, branches vagues ou diffuses. Épines axillaires ,très-nombreuses, solitaires, fortes, subulées au sommet, presque horizontales, souvent feuillues et florifères; ramules courts, feuillus, tantôt garnis, tantôt dépourvus d'épines.

Feuilles lancéolées, ou lancéolées-oblongues, pointues, dentelées, subsessiles, longues de 4 à 12 lignes, lisses, d'un vert agréable; celles des jeunes pousses éparses; celles des vieux ramules subfasciculées; pédicelles filiformes ordinairement plus courts que les feuilles; fleurs petites, les femelles à 3 ou 4 styles, jaunâtres; sépales lancéolés, oblongs, sub-obtus, cotonneux en dehors; étamines plus longues que le calice; baie globuleuse, brunâtre, du volume d'un gros pois, 4 à 6 graines.

Cet arbrisseau est indigène du Bengale, où ses fruits estimés des naturels, se vendent dans les marchés. Ses fortes et nombreuses épines le font employer pour former des haies.

SANGUISORBE MOYENNE, *Sanguisorba media* (Lin.), famille des Rosacées. Cette espèce est ainsi nommée parce qu'elle tient le milieu, pour la longueur de ses épis, entre la Sanguisorbe officinalis et la Sanguisorbe canadensis.

Tiges glabres, droites, très-lisses, cylindriques, point anguleuses, légèrement striées, longues d'environ 2 pieds, rameuses; les feuilles alternes, pétiolées, ailées avec impaire,

composées de 9 à 15 folioles ovales, lancéolées, obtuses, glabres à leurs 2 faces, vertes en dessus, plus pâles et un peu blanchâtres en dessous, crénelées, ou profondément dentées
en scie à leur contour, pédiculées, opposées; pédoncules
simples, droits, allongés, terminaux, striés, supportant un
épi cylindrique, obtus, rougeâtre, long d'environ 1 pouce,
fleurs sessiles très-serrées, dont le calice se partage en 4 découpures légèrement ciliées à leurs bords, ovales, presque
obtuses. Les étamines sont au moins une fois aussi longues
que la corolle, munies d'anthères, petites, globuleuses.

Cette plante se trouve au Canada.

SARCOLÈNE A FLEURS NOMBREUSES, *Sarcolœna
multiflora* (Petit-Thouars, Histoire des végétaux de l'Afrique australe), famille des Chlénacées. Feuilles oblongues,
ou oblongues-lancéolées, pointues, glabres en dessous
excepté aux nervures; cimes trichotomes, multiflores, terminales; fleurs nombreuses, petites; involucre fructifère, sub-
globuleux, trilobé, hérissé en dedans, verdâtre, de la grosseur d'une cerise.

Cette espèce se trouve à Madagascar; c'est un petit arbre
élégant, à rameaux réclinés, à feuilles longues de 4 à 6
pouces.

SOLANDRE, genre de la famille des Solanées. Calice tubuleux, tri-ou quadri-fide, persistant; corolle infundibuliforme,
ventrue, plissée, à 5 lobes ondulés ; 5 étamines ascendantes,
insérées au tube de la corolle ; anthères versatiles, longitudinalement déhiscentes; ovaire biloculaire au sommet, quadriloculaire inférieurement ; style filiforme, stigmate capitellé;
baie quadriloculaire, pulpeuse, polysperme, entourée du
calice fendu d'un côté; graines réniformes; embryon arqué.

Arbrisseau sarmenteux ; feuilles rapprochées à l'extrémité
des ramules, alternes, très-entières, charnues; fleurs terminales, solitaires, très-grandes.

Solandre a grandes fleurs, *Solandra grandiflora* (Swartz).
Tiges radicantes, grimpantes, longues de 30 à 40 pieds;
feuilles grandes, ovales-oblongues, acuminées; corolle
d'un jaune lavé de vert, de blanc et de pourpre; tube

long de près d'un pied; filets beaucoup plus courts que le style; baie ovale-conique, acuminée, lisse, remplie d'une pulpe rougeâtre.

Cette espèce, indigène des Antilles, se cultive dans les serres comme plante d'ornement.

SPIRÉE A FEUILLES ARGENTÉES, *Spiræa argentea* (L.), famille des Rosacées. Tiges ligneuses divisées en rameaux droits, striés, qui en produisent d'autres beaucoup plus courts; feuilles alternes, pétiolées, lancéolées, rétrécies en coin à leur base, dentées en scie à leur sommet, couvertes sur leurs deux faces d'un duvet blanchâtre et soyeux.

Fleurs réunies à l'extrémité des rameaux en panicules allongées, composées de grappes nombreuses; corolle petite à 5 pétales; elle renferme cinq ovaires velus et un très-grand nombre d'étamines.

Cette plante se trouve à la Nouvelle-Grenade.

STERCULIER-CHICHA, *Sterculia chicha*, famille des Sterculiacées. Arbre haut de 10 à 14 mètres, tronc droit, écorce grise, presque lisse; rameaux glabres, feuillés aux extrémités; feuilles cordiformes, arrondies, profondément trilobées, glabres en dessus, cotonneuses en dessous; lobes ovales, arrondis, inégaux; les feuilles sont longues de 5 à 10 pouces, larges de 9 à 18 pouces, ferrugineuses en dessous, à 3 nervures veinées; le pétiole est long de 4 à 7 pouces; panicules terminales, thyrsiformes, veloutées, décomposées, longues de 5 à 8 pouces; axe, pédoncules, pédicelles et calice couverts d'un duvet ferrugineux disposé en étoiles.

Fleurs rapprochées, campanulées, de couleur jaune mêlée de rougeâtre, d'un demi-pouce de diamètre; lanières calicinales, ovales, pointues; 12 à 15 étamines sub-sessiles; gynophore plus court que le calice.

Follicule (solitaire par avortement) ovoïde, un peu comprimé, gommeux, du volume de la tête d'un enfant; graines elliptiques, obtuses, de la grosseur d'un œuf de pigeon.

Cet arbre croît au Brésil, dans la province de Goyaz. Les habitants du pays où croît le *chicha*, dit Auguste de Saint-Hilaire (*Plantes usuelles du Brésil*), en mangent les semences qui sont d'un goût agréable. C'est un de ces nombreux végétaux qui, sans culture, fournissent aux Brésiliens des fruits comestibles, et il est fort vraisemblable qu'avec quelques soins, ces fruits deviendraient encore meilleurs.

STYLIDIE A FEUILLES DE MÉLÈSE, *Stylidium larici-folium* (Rich.); *Styl. tenuifolium* (Brown), famille des Stylidiées. Tige suffrutescente, couverte d'un léger duvet; feuilles étroites, linéaires, sessiles, rapprochées, aiguës, presque glabres; fleurs formant une grappe pubescente, glanduleuse, presque paniculée, nutantes avant la floraison. Calice tubuleux à cinq dents lancéolées, couvertes de poils glanduleux. Corolle monopétale, tubuleuse, filiforme, à gorge blanche et nue, à limbe blanc, à divisions violettes. Appendice en forme de lèvre à 3 divisions brunes dont la moyenne est la plus grande; colonne staminifère longue, terminée par 4 anthères au centre desquelles paraît le stigmate. Capsule oblongue, biloculaire.

Cette plante croît à la Nouvelle-Hollande, au port Jackson.

SYMPHORINE A GRAPPES, *Symphoria racemosa* (Pursch). *Symphori-carpos leuco-carpa* (Desfont. Hort. P.), famille des Caprifoliées. Arbuste haut de 2 à 5 pieds, très-rameux, touffu; tiges dressées; rameaux sub-verticaux; jeunes pousses grêles, effilées, dressées, glabres, cylindriques, en général paniculées vers leur sommet, atteignant jusqu'à 3 pieds de long; ramules simples, florifères seulement au sommet; feuilles ovales, pointues ou obtuses, très-glabres, non persistantes, fermes, lisses, d'un vert glauque en dessus, très-glauques en dessous; celles des rameaux longues de 2 à 3 pouces, larges de 15 à 30 lignes : celles des ramules longues de 6 à 15 lignes : pétiole canaliculé en dessus, long de 1 ligne à 4.

Inflorescence extrêmement variable; fleurs tantôt glomérulées, tantôt en grappes soit lâches, soit denses, souvent unilatérales, quelquefois garnies de bractées foliacées; pédoncules axillaires de 1 à 3 fleurs, à peu près aussi longs que les pétioles; limbe calicinal très-court à dents triangulaires, pointues, dressées, presque égales; corolle d'un rose plus ou moins vif à l'extérieur, blanchâtre à l'intérieur; à la gorge des poils blancs; lobes ovales, elliptiques, un peu plus courts que le tube; filets glabres, très-courts, à peine saillants hors du tube de la corolle; anthères oblongues, obtuses, bifides à la base, plus longues que les filets; style plus court que le tube de la corolle.

Baies du volume d'un gros pois, luisantes, d'un blanc de lait tant à l'extérieur qu'à l'intérieur, les terminales tantôt glomérulées, tantôt disposées en grappes, les axillaires en général solitaires; graines longues de 1 ligne à 2, jaunâtres, elliptiques.

Cette espèce est originaire du Canada. Elle fleurit du mois de juin à l'automne; les fruits, dont ses rameaux se couvrent dès le mois de juillet, persistent jusqu'à la fin de l'hiver.

TERNSTRÔME A FEUILLES ELLIPTIQUES, *Ternstromia elliptica* (Vahl), famille des Ternstromiées. Arbre à rameaux simples, glabres, roides. Ces rameaux sont chargés de feuilles alternes, très-glabres à leurs deux faces, très-entières, point échancrées, lancéolées, elliptiques, à peine aiguës à leur sommet, rétrécies en un pétiole court à leur base; les fleurs sont solitaires, latérales, axillaires; les pédoncules simples, uniflores, plus courts que les feuilles.

Le calice à 5 ou 6 divisions, est roide, presque cartilagineux. Il existe deux petites écailles concaves, aiguës à la base du calice. La corolle blanche, d'abord globuleuse avant son entier développement, puis campanulée, offre 5 à 6 découpures profondes. Le fruit est une baie sèche, capsulaire, à une seule valve, à 2 loges, contenant environ 8 semences convexes d'un côté, planes de l'autre, d'un rouge sanguin, soyeuses.

Cet arbre croît dans l'Amérique Méridionale.

TESSARTHONIE EN CHAPELET, *Tessarthonia moniliformis* (Turp.), végétal microscopique composé de 4 globules vésiculaires soudés bout à bout pour former l'individualité composée de cet être, dont la longueur est de 1/50 de millimètre. Le diamètre d'un globule est de 1/200 de millimètre.

Mode de propagation inconnu.

Il habite dans les eaux douces et pures parmi les conferves.

TINÉLIER A FEUILLES CORIACES, *Ardisia coriacea* (Swartz), famille des Ardisiacées. Arbrisseau dont toutes les parties sont glabres, à feuilles ob-ovales, très-entières, coriaces, obtuses, se rétrécissant à leur base en pétiole. Ces feuilles sont longues de 4 à 5 pouces, larges de 1 à 2, réfléchies sur leur bord, ponctuées, à nervures peu distinctes. Les fleurs sont en panicule terminale pyramidale, un peu plus longue que les feuilles, avec des pédicelles alternes de la longueur des fleurs. Les lobes du calice sont ovales, un peu ciliés ; la corolle est à 5 lobes lancéolés, obtus, réfléchis, 4 fois plus longs que le calice. Les lobes de la corolle sont 4 ou 5 fois plus longs que le tube. Les étamines sont droites, plus courtes que la corolle. Les filaments, élargis à leur base, sont insérés au tube de la corolle. Les anthères sont ovoïdes, et 4 à 5 fois plus courtes que le tube.

Cette plante croît aux Antilles, à Porto-Ricco, Saint-Thomas.

VAUCHERIE A HAMEÇON, *Vaucheria hamata* (De Cand.); *Ectosperma hamata* (Vaucher). Les pédoncules qui soutiennent les graines sont fort allongés ; ils portent à leur extrémité deux petits filets; l'un recourbé et qui sert d'anthère, l'autre plus court et plus droit qui porte la graine ; ces graines, fort nombreuses, sont d'un vert foncé, un peu plus aplaties et beaucoup plus petites que celles de la vaucherie ovoïde. Cette conferve répand ses graines au commencement du printemps; elle se rencontre fréquemment dans les environs de Genève. Vaucher l'a reconnue deux années de suite dans les fossés du marais de Bossey où elle se multiplie. Elle forme au fond de l'eau des tapis d'un vert jaune.

VAUCHERIE EN GAZON, *Vaucheria cespitosa* (De Cand.); *Ectosperma cespitosa* (Vaucher). Elle se distingue par ses graines terminales, deux à deux, séparées par une corne qui fait les fonctions d'étamines. Ses filets sont courts, très-nombreux, et forment un gazon d'un vert noir. On la rencontre fréquemment auprès des fontaines et des eaux pures, dans les sources du pied du Jura, et surtout dans celle de la Versoix.

Quand elle commence à germer en été, les filets prennent une couleur blanchâtre et se décomposent.

Vaucherie a bouquets *Vaucheria racemosa* (De Cand.); *Ectosperma racemosa* (Vaucher). Cette espèce, une des plus communes, est chargée de petits bouquets que l'on peut apercevoir à l'œil simple, et qui, au microscope, sont formés d'un pédoncule commun subdivisé en pédicules qui portent chacun à leur sommet un corps sphérique, plus petit de moitié que les graines des autres espèces. Au milieu de ce bouquet est la corne, prolongement du pédoncule, et qui semble remplir l'office d'anthère. Le nombre des graines est ordinairement de 4, mais il varie de 5 à 7. On remarque sur cette espèce un grand nombre de gros grains qui sont l'habitation du *Cyclops lunula*. On la rencontre près de Genève dans tous les fossés, principalement au printemps.

Vaucherie aquatique, *Vaucheria marina* (Agardh). Filaments droits, rameux, très-ténus. Graines latérales, soutenues par un très-court pédicelle, ovales, ou un peu allongées en massue. Cette vaucherie forme au fond de la mer, sur les limites du reflux, un gazon attaché aux rochers. On l'a observée près de Férœ.

VIOLETTE A FEUILLES DIGITÉES, *Viola pedata* (Lin.), famille des Violacées. Plante herbacée, basse, acaule, à racines fibreuses; feuilles radicales longuement pétiolées, larges, ouvertes en éventail, divisées jusqu'à leur base en 5 à 7 découpures inégales, linéaires, lancéolées, étroites, rétrécies à leur base, à peine aiguës à leur sommet, entières, quelques-unes munies de 2 ou 3 dents à leur partie supérieure. Du collet des racines partent des pédoncules droits, simples, allongés, terminés par une seule fleur assez semblable à la Pensée. Les divisions du calice sont linéaires, aiguës.

Cette plante croît sur les montagnes en Amérique, depuis la Nouvelle-Angleterre jusqu'en Caroline.

VIPÉRINE LIGNEUSE, *Echium fruticosum* (Lin.), famille des Borraginées. Arbuste à tiges droites, cylindriques, presque glabres, de couleur brune, se divisant en rameaux épars, allongés, un peu rudes, pubescents; feuilles nom-

breuses, éparses, sessiles, lancéolées, très-fauves, épaisses,
sans nervures apparentes, rétrécies à leur base, velues à
leurs deux faces ; celles des rameaux longues de 1 à 2 pouces, larges de 6 lignes, plus ou moins aiguës à leur sommet,
rudes, entières à leurs bords, les plus jeunes et les supérieures blanchâtres, douces au toucher, presque soyeuses, plus
courtes, ovales, aiguës, presque acuminées.

Fleurs de couleur purpurine, presque solitaires dans l'aisselle des feuilles supérieures, à peine pédonculées, formant
par leur ensemble des épis droits, feuillés ; le calice est pu-
bescent, cendré, partagé en 5 découpures, roides, lancéolées,
aiguës ; la corolle une fois plus longue que le calice a le
tube court. Son lobe est campaniforme à 5 lobes inégaux,
courts, obtus ; les étamines sont à peine de la longueur de
la corolle ; le style est saillant, droit, pileux ; le stigmate
simple, aigu.

Cette plante croît au cap de Bonne-Espérance.

WEINMANNE PUBESCENTE, *Weinmannia pubescens*
(Kunth), famille des Cunoniacées. Rameaux arrondis, de
couleur brune, couverts de poils ; feuilles opposées, longues de
3 à 4 pouces, avec 4 à 6 paires de folioles opposées, terminées
par impaire ; ces folioles aiguës, dentées, sont couvertes surtout en dessous de duvet ; la nervure médiane, proémi-
nente en dessous, est tomenteuse. La foliole terminale est
oblongue, aiguë à sa base, longue de 18 à 20 lignes ; les folioles latérales sont longues de 11 à 13 lignes, elliptiques, inégales et obtuses à la base, larges de 6 à 7 lignes ; le pétiole
commun est ailé dans toute sa longueur ; seulement, à l'in-
sertion des folioles, les ailes se resserrent ; à l'origine des
pétioles communs sont deux stipules, un peu arrondies, entières, glabres en dedans, hérissées en dehors, longues de
2 lignes, caduques.

Les ramules qui portent les fleurs naissent trois par trois
à l'extrémité des rameaux ; longs de 5 à 6 lignes, couverts de
duvet, ils sont garnis à leur extrémité de deux petites
feuilles simples et d'autant de stipules ; ils donnent naissance aux grappes florales, géminées, dressées, longues d'en-

viron 3 pouces. Le calice persistant est partagé en 4 divisions ovales; les capsules, de la grosseur d'un grain de chenevis, sont supportées par de courts pédicelles, rassemblés en faisceaux; elles sont surmontées des deux styles persistants, et munies à leur base du calice et d'un disque; elles sont biloculaires et contiennent le plus souvent, dans chaque loge, 4 graines petites, elliptiques, brunes, armées de longs poils.

Cet arbrisseau croît sur le mont Avila, près Caraccas, à une hauteur de 800 toises. Il fleurit en janvier.

FIN.

BIOGRAPHIE

DES PLUS

CÉLÈBRES NATURALISTES.

Corbeil, imp. de Crété.

BIOGRAPHIE

DES PLUS

CÉLÈBRES NATURALISTES.

ADANSON (MICHEL),
Né à Aix (Bouches-du-Rhône), le 7 avril 1727;
Mort à Paris, le 3 août 1806.
Botaniste.

Amené à Paris dès l'âge de trois ans, le jeune Adanson y fut élevé et obtint, dans les concours de l'Université, de brillans succès. Peut-être le Pline et l'Aristote, qui lui furent donnés en prix, décidèrent-ils sa vocation pour l'histoire naturelle. Il s'y livra avec la plus grande ardeur, s'attachant particulièrement aux leçons de Réaumur et de Bernard de Jussieu. C'était l'époque où le système de Linné commençait à se propager. Adanson, encore enfant, se préparait à la lutte qu'il devait soutenir contre les opinions du naturaliste suédois, et, dès l'âge de quatorze ans, il avait esquissé sur d'autres bases quatre nouveaux systèmes de classification. A l'âge de vingt-un ans, il entreprit, à ses frais, un voyage au Sénégal, et y sacrifia la plus grande partie de son patrimoine; il n'en revint qu'au bout de cinq ans, rapportant d'immenses collections, de nombreuses observations météorologiques, des plans détaillés et les vocabulaires de divers idiomes des peuplades nègres.

Aidé des conseils et des secours de M. de Bombarde, riche amateur des sciences, il fit paraître, en 1757, son *Histoire naturelle du Sénégal* (1 vol. in-4° avec une carte). Cet ouvrage important, un remarquable mémoire sur *le Baobad*, géant végétal dont il fit connaître l'accroissement progressif et qu'il rangea parmi les Malvacées, un autre travail *sur les arbres qui produisent la gomme dite* d'Arabie (mémoires de l'Académie), méritèrent à Adanson, en 1759, le titre de membre de l'Académie des sciences. Cet honneur ne fit que redoubler son incroyable activité. Bientôt on vit paraître *sa méthode nouvelle pour apprendre à connaître les familles des plantes* (1763, 2 vol. in-8° avec fig.), ouvrage dans lequel l'auteur cherchait à faire prédominer la méthode naturelle, et où l'on trouve le cachet d'une vaste science et même du génie, mais qu'une nomenclature barbare empêcha peut-être de contre-balancer les succès du système linnéen. Pour Adanson, tous ces travaux n'étaient encore que des essais par lesquels il préludait à une vaste encyclopédie, dont le plan, soumis à l'Académie, parut chimérique, parce que l'auteur, pour l'exécuter, manqua des secours qu'il avait d'abord espérés du gouvernement ; mais l'immense quantité de manuscrits qu'il a laissés prouve bien que c'était une idée sérieuse.

Dévoué à son pays, philosophe pratique, il refusa les offres brillantes qui lui furent faites successivement par l'empereur d'Autriche, par Catherine II et par le roi d'Espagne, de venir se fixer dans leurs États. La révolution vint troubler la condition modeste où il se plaisait, et il tomba dans le dénûment le plus complet. Lors de la création de l'Institut, il lui fut accordé une pension d'autant plus nécessaire, que sa santé, usée par le travail et par son long séjour dans les contrées malsaines du Sénégal, s'altérait sensiblement. Bientôt plongé dans un état de langueur, forcé de garder le lit, mais conservant toujours son activité intellectuelle, il succomba en 1806.

L'année suivante, Georges Cuvier prononça son éloge académique.

A l'époque où avait paru le mémoire sur le Baobad, Bernard de Jussieu avait voulu donner le nom d'Adansona à ce genre de végétal. Mais Adanson, qui, au contraire de Linné, tenait à conserver avant tout les noms de pays, repoussa cet honneur.

Outre les ouvrages déjà cités, on a de lui différens mémoires sur les *plantes hybrides*; *sur les Trémelles,* dont il indique les mouvements spontanés; sur les *tarets;* sur la *torpille,* et le *gymnote électrique;* sur la *Tourmaline,* chez laquelle il signala la propriété de double réfraction; sur les *ravages de l'hiver de* 1766. Il composa en outre, pour le supplément de l'Encyclopédie, des articles remarquables par l'érudition, curieux par l'idée qu'ils donnent de sa méthode.

AGRICOLA (George), proprement **BAUER**, •
Né à Glauchen en Misnie (Saxe) en 1494;
Mort en 1555 à Chemnitz.
Médecin, minéralogiste.

Il abandonna la pratique de la médecine pour se livrer uniquement à l'étude des métaux. C'est dans ce but qu'il vint se fixer à Chemnitz, près des mines qui appartenaient aux électeurs de Saxe, s'enquérant auprès des ouvriers de tous les procédés métallurgiques et vivant familièrement avec eux. Aussi rencontre-t-on dans ses ouvrages des connaissances pratiques fort étendues, mêlées de quelques superstitions populaires sur les esprits follets. Il n'avait, du reste, négligé ni les naturalistes anciens, ni les livres des alchimistes.

Son principal ouvrage est intitulé :

De Re metallicâ, en 12 liv. Bâle, 1546, 1556, 1558 et 1561, in-fol., fig. Éditions également estimées.

De plus : *de Animantibus subterraneis*, en 5 liv., joint aux dernières éditions.

De ortu et causis subterraneor. en 5 liv.

De naturâ eorum quæ effluunt ex terrâ, en 4 liv.

De naturâ fossilium, en 10 liv., etc. Bâle, 1546 et 1558, in-fol.

ALDROVANDE (Ulysse),

Né en 1527 à Bologne ;

Mort le 4 mai 1605.

Professeur de philosophie, Naturaliste.

L'un des plus zélés naturalistes du xvie siècle. Il consacra sa vie et sa fortune tout entière aux recherches d'histoire naturelle, voyageant en différentes contrées de l'Europe, entretenant à ses frais des peintres et des graveurs. On ne sait si, comme la tradition le rapporte, il mourut aveugle à l'hôpital de Bologne, victime de sa noble passion pour la science, ou si le sénat de cette ville, à qui il laissa son cabinet et ses médailles, soutint sa vieillesse par quelque faible pension. On ne peut considérer ses livres, dit Cuvier, que comme une énorme compilation sans goût et sans génie, mais on doit encore consulter ses ouvrages pour quelques figures et quelques détails qui ne se trouvent pas ailleurs.

Opera omnia. Bologne, 13 vol. in-fol. fig.

Aldrovande n'a écrit que les cinq premiers volumes de cette collection : de 1599 à 1606.

Ornithologia; de insectis; de reliquis animalibus exsanguibus.

Les livres suivans, de 1613 à 1668, furent composés par différens auteurs, ses successeurs dans le professorat.

De quadrupedibus, solidiped., quadrupedum bisulc. historia.
De quadruped. digitatis viviparis et oviparis.
Serpentum et draconum histor.
Monstrorum hist.
Musæum metallicum.
Dendrologiæ natur. l. ii.

ALPINI (Prosper),
Né le 23 nov. 1553 à Marostica (État de Venise);
Mort à Padoue le 7 janv. 1617.
Médecin, professeur de botanique.

En 1580, la république de Venise ayant envoyé en Égypte un consul, Prosper Alpini l'y suivit, et pendant les trois années qu'il y demeura, il observa avec beaucoup de sagacité tout ce qui avait rapport à l'histoire naturelle, à la médecine et aux usages domestiques. Au bout de ce temps, il fut attaché comme médecin à la flotte d'Espagne par André Doria; puis il fut nommé professeur de botanique à l'université de Padoue. Il est le premier qui ait fait connaître en Europe le café. Il décrivit aussi l'arbrisseau qui produit le baume de la Mecque. Ceux de ses ouvrages qui se rapportent à l'histoire naturelle sont :

De plantis Ægypti. Venise, 1592; Padoue, 1640.
De plantis exoticis, lib. ii. Venise, 1627, 1629, in-4°, publié par les soins d'un de ses fils.
Historia Ægypti naturalis. Leyde, 1735.
Medicina Ægyptiorum; liber de balsamo. Leyde, 1745.

ARISTOTE,

Né à Stagyre, en Macédoine, 384 avant J.-C. ;
Mort l'an 322.
Philosophe, naturaliste.

Il appartenait, par son père Nicomachus, à la famille des Asclépiades, chez lesquels la profession de médecin était héréditaire. Aussi son père avait-il été médecin du roi Amyntas, père de Philippe, et lui-même fut destiné à cette carrière. Mais, ayant perdu ses parens à l'âge de dix-huit ans, il se rendit à Athènes pour suivre les leçons de Platon, alors dans toute sa gloire. Il y séjourna vingt ans, et commença bientôt sa réputation. Plusieurs auteurs affirment, que vers la fin de sa vie, Platon marqua sa jalousie contre un disciple dont la renommée allait toujours croissant, et qui s'engageait dans une autre route que celle qu'il avait tracée. Les Athéniens ayant déclaré la guerre à Philippe, Aristote quitta leur ville et se retira chez Hermias, petit prince de Mysie, dont il épousa, après la mort de celui-ci, la sœur nommée Pythias.

Vers l'an 343, il fut appelé par Philippe pour se charger de l'éducation d'Alexandre, alors âgé de treize ans. Ce choix fit honneur au philosophe qui l'avait mérité, et au prince qui avait su le distinguer. On ne peut douter qu'il contribua à développer les grandes qualités d'Alexandre, et peut-être à l'encourager dans ses projets contre le roi de Perse, que la mort de son ami Hermias, massacré par un des lieutenans de Darius, lui avait rendu odieux. L'influence du maître sur son élève était telle, qu'un des premiers actes d'Alexandre, à son avénement au trône, fut de rétablir la ville de Stagyre, détruite par Philippe, souvenir que consacra une fête solennelle. On est incertain si Aristote quitta Alexandre lors de son expédition en Perse, ou s'il le suivit jusqu'en Égypte. Ce qui est certain, c'est qu'Alexandre mit à sa disposition des sommes énormes pour faciliter ses études en histoire naturelle.

Aristote était revenu à Athènes; il établit son école au Lycée. C'est là qu'il se promenait entouré de ses disciples; et ces promenades firent donner à sa secte le nom de péripatéticienne. Son immense réputation, la faveur dont il n'avait cessé de jouir auprès d'Alexandre, lui avaient suscité un grand nombre d'ennemis. Ceux-ci profitèrent des soulèvemens qu'amena la mort d'Alexandre, arrivée en 324, pour faire éclater publiquement leur haine. Elle se produisit sous la forme qui avait déjà servi à perdre Socrate. On l'accusa d'impiété. Aristote n'avait point cet enthousiasme, qui poussa le fils de Sophronisque au martyre, il se réfugia à Chalcis en Eubée, où il fut suivi de la plupart de ses disciples, parmi lesquels son amitié avait distingué Théophraste. Il mourut l'année suivante. Son testament, qu'a conservé Diogène Laerce, est un témoignage de la bonté de son cœur. Parens, amis, esclaves, tous ont des marques de son souvenir et de sa générosité.

Nous n'avons à nous occuper ici ni de ses ouvrages de rhétorique, ni de ses traités de philosophie; on sait que ces derniers ouvrages, bientôt oubliés par les Grecs, remis quelque temps en honneur par les Romains, étudiés par les Arabes, devinrent, au moyen âge, articles de foi, comme des livres sacrés. Ramus paya de sa vie la témérité qu'il avait eue de les combattre. Peut-être faut-il attribuer ce succès incroyable aux formules éminemment affirmatives, sous lesquelles Aristote, le fondateur de l'analyse et de l'observation, résumait ses opinions. Elles imposaient facilement à des hommes avides de croire. Les premiers chrétiens, plus éclairés et formés aux doctrines platoniciennes, avaient, au contraire, reconnu dans Aristote l'esprit de doute et d'examen, et l'avaient condamné. Aristote mérite ici notre attention, comme créateur des études d'histoire naturelle. Sa gloire, comme philosophe, a éclipsé celle-ci ; on parle beaucoup de sa Dialectique subtile, de son Analyse des facultés et des sentimens humains ; on méconnaît le naturaliste. Et cependant, qu'existait-il avant lui ? des discussions obscures sur les principes des choses, quelques idées générales, cachées sous des formes mystiques ; mais rien qui ressemblât à l'observation scientifique. Alexandre fournit à Aristote des élémens immenses pour une étude de ce genre ; mais l'eût-il fait, si son maître n'avait su lui faire comprendre l'illustration que jettent sur un règne les découvertes scientifiques ?

Aristote, comme il le dit lui-même, fut le premier qui, laissant de côté les études des causes, dont s'étaient préoccupés Démocrite et Empédocle, ses prédécesseurs, dirigea son attention sur la forme et la structure des corps. Il ne commença point, comme on le faisait avant lui, par établir un système pour en appliquer d'une manière forcée les conséquences à toute chose ; il étudia, avant tout, les objets séparément. C'est ainsi que d'abord il examine les parties du corps dans toutes les classes d'animaux, et décrit les diverses formes qu'elles présentent ; après quoi il tire ses conclusions.

Il disséqua un très-grand nombre d'animaux ; est-ce par le même moyen qu'il acquit sur la structure du corps de l'homme des connaissances plus précises qu'on n'en avait avant lui ? c'est probable. Mais les préjugés, qui de son temps faisaient regarder les cadavres humains comme inviolables, ne durent lui permettre cet examen que bien rarement, et à la dérobée ; cependant, il établit quelques faits importans : la prédominance du volume du cerveau humain sur celui des autres animaux, et la distinction des nerfs encéphaliques, qu'il appelait les *conduits de l'encéphale* : l'origine de tous les vaisseaux dans le cœur. Le premier, il fit des dessins anatomiques, auxquels il renvoyait dans ses ouvrages, mais dont aucun n'est parvenu jusqu'à nous. Le premier, il décrivit les quatre estomacs des ruminans, et expliqua le phénomène de la rumination. Ses travaux sur l'organisation de l'éléphant concordent, d'une manière remarquable, avec ceux de plusieurs naturalistes modernes. Il indiqua différentes variétés de mammifères, inconnues jusqu'à lui, et, entre autres, le cochon à un seul sabot, observé depuis par Linné. Il démontra l'absurdité de beaucoup de fables répandues, tout en en admettant encore quelques-unes.

Dans l'histoire naturelle des oiseaux, il rassemble une multitude de faits curieux, fixe les caractères qui distinguent les genres, et transmet sur le développement du poulet dans l'œuf des observations remarquables par leur exactitude.

Il établit une classification des poissons, fondée sur ce que les uns ont le corps couvert d'écailles, et les autres ont une peau et de simples cartilages en place d'arètes. Il présente sur les branchies des notions fort avancées. Les serpens, les tortues, les crabes, les insectes, ont également fixé son attention.

Enfin, pénétrant jusqu'aux extrémités du règne animal, il reconnaissait des êtres, animaux par rapport aux plantes, plantes par rapport aux animaux. Ses travaux sur la botanique ont disparu ; mais nous verrons plus loin Théophraste, son disciple chéri , portant dans l'étude des plantes le même esprit d'investigation et d'analyse qui distingue la Zoologie d'Aristote.

Les ouvrages d'Aristote sur l'histoire naturelle, qui sont parvenus jusqu'à nous, sont :

Animalium historia. Il en existe une traduction latine publiée par Scaliger, avec des notes, Toulouse, 1619, et une traduction française par Camus, 1783, 2 vol. in-4°.

De animalium partibus. — De generatione et conceptione.

On trouve aussi des détails curieux dans les *Problèmes.* (Voir l'édition de toutes ses œuvres, par Becker, 1835, 4 vol. in-4°.)

AUDOUIN (JEAN-VICTOR),
Né à Paris, le 27 avril 1797 ;
Mort le 9 nov. 1841.
Médecin, entomologiste.

Sa famille le destinait au barreau ; mais sa vocation le portait vers la zoologie ; aussi ne prit-il la carrière médicale que comme un acheminement à son étude favorite, et il composa sa thèse sur *l'histoire naturelle et médicale des cantharides.* Cependant il s'était appliqué fortement à l'anatomie humaine, et cette préparation fondamentale aux études zoologiques lui fut d'une grande utilité dans les recherches comparatives qu'il fit sur l'organisation des *annélides*, des *insectes* et des *crustacés.* Ses travaux pleins d'aperçus neufs, et d'une observation fine et sûre en même temps, lui valurent l'honneur d'être appelé avant trente ans à la suppléance de Lamarck et de Latreille ; enfin, en 1833, il fut nommé professeur titulaire au muséum d'histoire naturelle. En 1838, ses recherches sur les insectes nuisibles à l'agriculture lui ouvrirent les portes de l'Académie des scien-ces. Il venait de parcourir le midi de la France en 1841 pour reconnaître les insectes qui attaquent l'olivier, lorsqu'il fut enlevé rapidement à la science qu'il cul-tivait avec tant d'ardeur, et dans laquelle son âge semblait lui promettre de nombreuses découvertes.

On trouve plusieurs mémoires de lui dans les *Mémoires de la Société d'histoire naturelle* de Paris, tom. 1; et dans les *Annales des Sciences naturelles*, tom. 2, tom. 3, tom. 9.

BANKS (JOSEPH), chevalier baronnet,

Né à Londres, le 13 décembre 1743;

Mort le 19 mai 1820.

Voyageur naturaliste.

Né d'une famille riche, d'origine suédoise, il devint à 18 ans, par la mort de ses parens, maître d'une belle fortune. Mais il ne songeait à l'employer que dans les intérêts de sa passion favorite, l'étude de l'histoire na-turelle. Il méditait les ouvrages de Buffon et de Linné dont la gloire, à cette époque, remplissait toute l'Eu-rope; il formait une bibliothèque importante, et, surtout poussé vers la pratique et le goût des collections, pas-sait une partie de ses journées à herboriser; chose si nouvelle alors, qu'un jour le jeune gentleman se vit ar-rêté comme vagabond et conduit bien garrotté devant le juge de paix du canton. En 1763, il fit un voyage au-delà de l'Atlantique et alla visiter les plages, alors pres-que inconnues, du Labrador et de Terre-Neuve. Mais ce n'était pour lui qu'une espèce de noviciat aux longues entreprises qui déjà le préoccupaient; c'était l'épo-que des voyages de découvertes : il s'agissait aussi d'observer le passage de Vénus sur le disque du soleil,

passage qui avait eu lieu en 1761, et qui devait se re-
nouveler en 1769. Bougainville allait partir avec Com-
merson ; Catherine II ordonnait les grands voyages ac-
complis par Pallas en Sibérie. L'amirauté anglaise donnait à Cook le commandement de l'*Endeavour* pour aller visiter les vastes archipels entrevus dans le Grand-
Océan. Banks demanda à faire partie de cette expédition,
et il dépensa une somme considérable en apprêts de
toute espèce : achats d'instrumens de physique et d'as-
tronomie, d'outils aratoires, de graines, d'animaux utiles. Il emmenait, à ses frais, un secrétaire, deux dessinateurs et le docteur Solander, suédois, lié avec lui par
une communauté de goûts et d'étude. L'*Endeavour* mit
à la voile le 26 août 1768. Le long de la route, chaque
point où pouvaient aborder les deux amis était l'objet de
leurs explorations, quand la sottise et l'ignorance ne s'y
opposaient point, comme à Rio-Janeiro, où le vice-roi leur
fit défense de mettre pied à terre. Nous ne le suivrons
pas au milieu des périls, des émotions sans cesse re-
naissantes, des mille incidens de cette Odyssée scientifique ; mais nous devons signaler l'influence, toute due
à ses qualités morales, qu'il exerçait et sur les marins
et sur les sauvages, son activité et son courage à toute
épreuve, la facilité avec laquelle il savait se faire aimer
et respecter de ceux qui l'entouraient. Ce fut dans cette
expédition que Botany-Bay reçut son nom de la multitude de végétaux qu'elle avait fournis à notre illustre
voyageur. Malheureusement, les magnifiques collections
qu'il rapportait furent grandement endommagées lorsque le navire manqua de s'engloutir sur les bancs de
corail. Au retour de l'expédition (12 juin 1771) Banks
fut accueilli avec un enthousiasme général. Georges III
voulut le voir, et reçut avec plaisir des échantillons de

graines rares et de plantes qui pouvaient être naturalisées
en Europe. Cependant il était prêt l'année suivante, à suivre de nouveau Cook. On dit que la méfiance, peut-être
même la jalousie de celui-ci, mit obstacle à tout arrangement. Banks nolisa un vaisseau à ses frais, et entreprit avec Solander un voyage, dans le nord de l'Europe.
Dans ce dernier voyage, il fit connaître la grotte basalti-
que de Staffa, et rassembla sur l'Islande fort mal connue
alors des documens précieux. Revenu dans sa patrie,
pourquoi n'a-t-il pas utilisé le fruit de ses immenses recherches, en publiant quelque ouvrage important auquel sa fortune lui eût permis de donner tout le luxe de
gravures désirable ? Ce point de son histoire n'a pas été
suffisamment éclairci ; ce qu'il y a de certain, c'est que
ces richesses scientifiques ne furent point perdues. Sa
générosité les mit à la disposition des savans, ses contemporains :—Gaertner put consulter son herbier en toute
liberté ;— Fabricius disposa de ses insectes ; — Broussonnet reçut pour son ichthyologie des échantillons de
poissons. Sa maison était le rendez-vous des naturalistes et des savans de toutes les nations. Il faisait aussi
un noble emploi de sa fortune et de son influence : deux
fois les Irlandais, pressés par la famine reçurent de
l'illustre voyageur des cargaisons de grains. Broussonnet dans son exil était soutenu par lui. Ses secours al-
laient trouver Dolomieu jusque dans les cachots de
Messine ; il rachetait, pour M. de Humboldt, les caisses
ravies par des corsaires ; il se faisait remettre les collections de la Billardière tombées au pouvoir des Anglais, et les lui renvoyait sans y avoir touché : au fort
de la guerre, il envoyait à l'Institut la liste de ceux de ses
compatriotes qui, prisonniers en France, pouvaient être
recommandés par quelque titre scientifique, et l'Insti-

tut, répondant à sa demande, faisait les démarches pour leur élargissement.

Banks fut nommé, en 1778, à la place du médecin Pringle qui venait de donner sa démission, président de la Société royale de Londres. Cette nomination lui suscita des attaques violentes, surtout de la part d'un théologien fougueux qui aspirait au fauteuil; mais la société n'en continua pas moins à le réélire pendant trente-huit années consécutives.

Georges III, qui ne cessa d'avoir pour lui une haute estime, le nomma son conseiller, mais Banks n'usa de cette position que pour diriger les affaires scientifiques, et négligea tout ce qui tenait à la politique. Il fut un des fondateurs de la société d'horticulture de Londres et du bureau d'agriculture, et un des membres les plus actifs de la société africaine: il a inséré plusieurs articles dans les Transactions philosophiques, et a légué son immense bibliothèque au Musée britannique.

BAUER. — *Voyez :* AGRICOLA.

BAUHIN (JEAN),
Né à Bâle en 1541 ;
Mort à Montbéliard en 1613.
Médecin, botaniste.

Fils aîné d'un médecin français distingué, qui, ayant adopté les principes de la réforme, avait été obligé de se réfugier à Bâle, il embrassa la carrière de son père. Quoique versé dans toutes les parties de la médecine, Jean Bauhin s'occupa spécialement de la botanique pour laquelle il avait montré sa vocation dès son plus jeune âge. Il fit de nombreux voyages dans les Alpes, l'Italie, la France, les Pyrénées; il étu-

dia sous les maîtres les plus célèbres, et particulièrement sous Conrad Gessner. En 1670, il fut choisi comme
médecin par Ulrich, duc de Wirtemberg-Mont-Beliard,
qui se plaisait lui-même à rassembler dans ses jardins
les plantes les plus rares. Cette position permit à Bauhin de se livrer en paix à son étudè favorite.

*Traicté des animaulx aians aisles qui nuisent par leurs pi-
queures ou morsures*, Montebéliart, 1593, petit in-8°,

De plantis à divis sanctisque nomen habentibus, 1591, in-8°,
en commun avec son frère Gaspard.

De plantis absinthii nomen habentibus, Montbéliart, 1593
et 1599, in-8°.

*De aquis medicalis nova methodus, quatuor libris com-
prehensa*, 1605, 1607 et 1612, in-4°, ouvrage dans lequel il
donne la description d'une source d'eau minérale récemment découverte, et où se trouvent les planches représentant
un grand nombre de variétés de pommiers et de poiriers
cultivées dans le pays.

Historia universalis plantarum, Yverdun, 1651, 3 vol.
in-fol., fig., publiée par Louis de Graffenried, baillif d'Yverdun, qui fournit les frais de l'entreprise, et Chabrie, médecin à Yverdun.

BAUHIN (GASPARD), frère puîné du précédent,
Né à Bâle le 17 janvier 1550;
Mort dans la même ville le 5 décembre 1624.
Médecin, botaniste, anatomiste.

Avant d'être reçu Docteur en médecine, il parcourut trois ans l'Italie suivant les leçons des plus grands
maîtres sur les diverses branches de la médecine; mais,
comme son frère, attiré vers l'étude des végétaux;
il séjourna ensuite à Montpellier pendant un an. En
1580, il fut rappelé à Bâle par son père, qui était sur le

point de mourir, et il s'y fixa. En 1588, il obtenait les chaires de botanique et d'anatomie; en 1596, il succédait à Felix Plater, premier professeur de médecine, dont il occupa la chaire jusqu'à sa mort.

Ce ne fut pas un génie inventeur, mais il montra une aptitude remarquable à coordonner les connaissances acquises, et il rendit un véritable service en cherchant à établir la concordance de tous les noms que les divers auteurs avaient donnés à la même plante, et en renfermant les caractères de chaque espèce dans une phrase très courte. Aussi les définitions de Gaspard Bauhin, tout imparfaites qu'elles étaient, furent-elles généralement conservées jusqu'à la réforme de Linné.

C'est dans son *Phytopinax* qu'on trouve la première description de la pomme de terre, déjà cultivée en Italie pour ses tubercules; il fut le premier qui la rangea parmi les Solanées.

Gasp. Bauhin est le premier aussi qui ait donné une description exacte de la valvule qui sépare l'intestin grêle des gros intestins; aussi a-t-elle reçu son nom malgré les diatribes de Riolan.

Il a écrit sur la botanique :

Phytopinax, Bâle, 1596; *Prodromus theatri botanici*, Francfort, in-4°.

Pinax theatri botanici; Bâle, 1623, in-4°.

Theatri botanici liber primus, 1658, in-fol., publié après sa mort par son fils Jean Gaspard.

Et sur l'anatomie :

Institutiones anatomicæ; Bâle, 1604, in-8°.

Theatrum anatomicum infinitis locis auctum; Francf. 1621, in-4°.

De Hermaphroditorum monstruosorumque partuum naturâ, lib. II, Oppenhein, 1614, in-8°.

BELON (PIERRE),

Né au hameau de la Souletière, dans le Maine, en 1518 ;
Assassiné dans le bois de Boulogne en 1564.
Médecin, naturaliste.

Sorti d'une famille obscure, sans fortune, il sut se
concilier de riches protecteurs, Réné du Bellay, évêque du Mans, Guillaume Duprat, évêque de Clermont,
le cardinal de Tournon et celui de Touraine. Leurs
bienfaits lui permirent de faire de bonnes études, d'entreprendre de longs voyages, et de publier les résultats
de ses observations. Il parcourut successivement, et
dans le seul but d'étudier les diverses productions· de
la nature, l'Allemagne, la Bohême, l'Italie, la Grèce,
l'Égypte, la Palestine, l'Asie-Mineure. Revenu de ses
longs voyages, et après avoir publié plusieurs ouvrages
remarquables, il avait obtenu de Charles ix un logement au petit Château de Madrid, et s'y occupait à tra-
duire Dioscoride et Théophraste, lorsqu'une fin tragi-
que vint terminer sa carrière à l'âge de quarante-cinq
ans. La calomnie s'est attaquée à sa mémoire ; on a voulu
le représenter comme un plagiaire des manuscrits de
Gilles d'Alby ; mais tout semble démentir cette accusa-
tion accueillie par de Thou.

On a de lui :

Histoire natur. des estranges poissons marins, etc., Paris,
1551, in-4°, fig.

*Observations de plusieurs singularités et choses mémorables
trouvées en Grèce*, etc., Paris, 1553, in-4°, fig.

*La nature et la diversité des poissons, avec leurs pourtraits
représentés au plus près du naturel*, Paris, 1555, fig.

Traduction de son propre traité *De aquatilibus*, etc. Paris,
1553, in–8°.

Histoire de la nature des oiseaux, avec leurs descriptions et
naïfs portraits. Paris, 1555, fig.

De arboribus coniferis, resiniferis aliisque sempiternâ fronde virentibus, cum earumdem iconibus ad vivum expressis; item de melle cedrino, cedriâ, agarico, resinis, et iis quæ ex coniferis proficiscuntur. Paris, 1553, in-4°, fig.

Portraits d'oiseaux, animaux, serpens, herbes, arbres, hommes et femmes d'Arabie et d'Égypte, etc., avec la carte du mont Athos et du mont Sinaï. Paris, 1557, in-4°.

Les remontrances sur le défaut du labour et culture des plantes et la cógnoissance d'icelles. Paris, 1558, petit in-8°.

BLUMENBACH (Jean-Frédéric),
Né à Gotha, le 11 mai 1752 ;
Mort en 1840.
Médecin, naturaliste.

Peut-être son goût pour les sciences naturelles lui fut-il inspiré par l'exemple de son père, fort studieux de tout ce qui se rattachait à l'histoire de la nature. Il fit ses études à l'université de Gœttingue, et, après avoir obtenu le diplôme de maître en philosophie et de docteur en médecine, il devint professeur de cette même université, et inspecteur du cabinet d'histoire naturelle. Les nombreux ouvrages qu'il a publiés en allemand, en anglais et en latin, ont répandu son nom dans toute l'Europe et l'ont placé au premier rang des savans d'Allemagne. L'Anatomie, la Physiologie comparées, l'Histoire naturelle, la Médecine, la Littérature médicale l'ont tour à tour occupé ; et, dans toutes ces parties, il a porté un esprit observateur, un style précis, la connaissance approfondie des auteurs des siècles passés, et de ceux de son temps.

Ses principaux ouvrages sur l'histoire naturelle sont :

Dissertatio de generis humani varietate nativá, Gœttingue, 1775, in-4°, 1795, in-8°.

Manuel d'histoire naturelle (en allemand), 2 vol. 1779, 1790.

Cet ouvrage classique a eu le plus grand succès; c'est là que l'auteur divise le genre humain en cinq races (*caucasienne, mongole, éthyopienne, malaie, américaine*). Après avoir exposé les caractères de chacune d'elles, il termine en présentant le portrait d'un homme célèbre de chaque race. Cet ouvrage a été traduit en français par Artaud, Metz, 1803.

Specimen physiologiæ comparatæ inter animantia calidi et frigidi sanguinis, 1787, in-4°.

Nuperæ observationes de nisu formativo et generationis negotio, 1787.

Decades collectionis suæ craniorum diversarum gentium illustratæ, 8 cah., 1790 à 1800.

Il avait étudié comparativement les crânes des diverses races humaines, et y avait trouvé des caractères distinctifs qu'il présenta avec beaucoup de soin, et de la manière la plus propre à frapper tous les yeux.

BOCK (Jérôme), en français **LE BOUCQ**, et en grécisant son nom, selon l'habitude de son siècle, **TRAGUS**,

Né à Heidesbach en 1498;

Mort à Hornbach, en 1554,

Médecin, pasteur de l'Église réformée, **botaniste**.

Un des hommes qui ont le plus contribué, en Allemagne, à constituer la botanique comme science, en la sortant de la routine et de la tradition pour la ramener à l'observation de la nature. Il parcourut l'Allemagne dans tous les sens, faisant des collections de plantes, surtout de celles qui étaient de l'usage le plus général, tandis que ses prédécesseurs s'attachaient de préférence aux végétaux les plus rares et les plus singuliers. Dans son exposition, il rejeta l'ordre alphabétique, employé jusqu'alors, pour essayer une classification d'après les affinités. Cette classification était bien imparfaite, mais elle indiquait la marche à suivre. Il commença par l'ortie, pour deux motifs : 1° Pour se moquer des apothicaires, qui dédaignaient les plantes communes; 2° parce que sa famille avait pour armes une feuille d'ortie. Les figures des plantes qu'il avait recueillies furent faites avec plus de soin qu'on n'en mettait généralement alors. Seulement aux figures des arbres sont jointes des figures d'hommes et d'animaux, qui rappellent quelque trait d'histoire. Par exemple : au pied du mûrier sont Pyrame et Thisbé; auprès de la vigne Noé et ses trois fils, etc. Son livre, d'abord publié en allemand, fut ensuite traduit en latin.

Hieronymi Tragi, de stirpium, maximè earum quæ in Germaniâ nostrâ nascuntur, libri tres in latinam linguam conversi, interprete David Kyber argentinensi. — Strasb. 1552, in-4°, fig.

Plumier a consacré à sa mémoire, sous le nom de Tragia, un genre d'Euphorbes dont les espèces ressemblent aux Orties par le port et par leurs poils piquans.

BONAMI (François),

Né à Nantes en 1710 ;

Mort dans la même ville en 1786.

Médecin, recteur de l'université de Nantes. **Botaniste.**

Ce savant modeste mérite d'être mentionné à côté des plus célèbres, pour le zèle constant et le désintéressement avec lequel il travailla à répandre parmi ses concitoyens l'étude de la botanique. Pendant cinquante ans, il fit des cours gratuits à Nantes; un jardin de botanique avait été promis à cette ville; mais les fonds manquaient pour l'exécution. Bonami en entretint un à ses dépens. Il fut aussi l'un des fondateurs de la société d'agriculture de Bretagne, la première qui ait existé en France.

On a de lui un ouvrage intitulé :
Floræ Nannetensis prodromus, 1782, in-12. Nantes.
Trois ans après il y ajouta un supplément.

Cet ouvrage peu étendu fait connaître les végétaux d'une partie de la Bretagne, et indique 60 espèces qui n'avaient pas encore été rencontrées en France. Bonami fut aidé dans ses recherches par le frère Louis, capucin de Nantes.

BONNET (Charles),
Né à Genève, le 13 mars 1720 ;
Mort dans la même ville, le 20 mai 1793.
Philosophe , naturaliste.

Né au sein de la richesse , libre des soucis d'une profession, Bonnet consacra sa vie à l'étude de l'histoire naturelle et aux méditations philosophiques et religieuses qu'inspire la contemplation de la nature, vue dans son ensemble et dans sa majesté.

Jamais il ne voyagea, et les divers traités qu'il a composés se font plutôt remarquer par l'esprit de généralisation , par l'habileté des déductions, par l'observation philosophique, que par les recherches pratiques. Cependant, telle n'était point la première direction que Bonnet avait donnée à ses travaux; dans sa jeunesse, il s'était beaucoup appliqué à l'usage du microscope ; et ses mémoires sur la fécondation des pucerons, sur la reproduction de quelques animaux inférieurs par incision, sur la physique végétale, prouvent qu'il eût pu être, non moins renommé comme habile et consciencieux observateur ; mais sa vue s'étant considérablement affaiblie, l'activité de son esprit le poussa vers la philosophie générale. Quoique ses habitudes d'analyse l'aient rapproché, sous certains rapports, de l'école sensualiste, Bonnet fut très-religieux, et il repoussa bien loin tout soupçon de matérialisme ou de fatalisme.

Ceux de ses ouvrages qui se rapportent à l'histoire naturelle sont :

Traité d'insectologie, Paris, 1745, in-8°.

Recherches sur l'usage des feuilles dans les plantes, etc., Gottingue, 1754, in-4°.

Considérations sur les corps organisés, Amst., 1762, 2 vol. in-18.

Contemplation de la nature, Amst., 1764 et 1765, 2 vol. in-8°.

Il fournit en outre plusieurs mémoires aux Transactions philosophiques et au Recueil des savans étrangers de l'Académie des sciences. On trouve dans ce dernier recueil : 1° Expériences sur la végétation des plantes dans d'autres matières que la terre (tom. 1, 1750); 2° dissertation sur le ver tœnia (*Ibid.*); 3° sur une nouvelle partie commune à plusieurs espèces de chenilles (tom. II, 1755); 4° sur la grande chenille à queue fourchue du saule, ete. (*ibid.*) ; 5° recherches sur la respiration des chenilles (tom. V, 1768).

OEuvres complètes, 1773-83. Berne, 10 vol. in-4°, ou 18 vol. in-8°.

BONTIUS (Jacques),
Né à Leyde vers 1570 ;
Mort à Batavia en 1631.
Médecin, naturaliste.

Un des trois fils de Gérard Bontius, qui avait contribué à la fondation du jardin de botanique de Leyde. A l'exemple de Prosper Alpini, Jacques recueillit de nombreux matériaux sur l'histoire naturelle et médicale des divers pays qu'il parcourut ; il voyagea dans la Perse et les Indes, et se fixa, en 1625, à Batavia, où il exerça la médecine jusqu'à sa mort.

Il avait laissé de nombreux manuscrits qui furent publiés après sa mort ; il en parut d'abord une partie :

De Mediciná Indorum, lib. IV, in-12, Leyde, 1642.

Puis, plus tard, ils furent rassemblés par Pison, d'une manière plus complète sous le titre de :

De Indiæ utriusque re naturali et medicâ, lib. XIV. Amst. Elzevir, 1658, in-f°.

BORN (IGNACE, baron de),

Né à Carlsbourg (Transylvanie), le 26 décembre 1742 ;

Mort à Vienne, le 28 août 1791.

Minéralogiste.

Au sortir de ses études, il voyagea en Allemagne, en Hollande, en France et dans les Pays-Bas, s'occupant d'histoire naturelle, et spécialement de minéralogie. Ses connaissances fort étendues le firent nommer de bonne heure conseiller aulique au département des mines et des monnaies de l'empereur. Il fit de nombreuses observations météorologiques dans les mines de Hongrie et de Transylvanie ; il faillit même périr d'asphyxie dans une des mines de Felső-Banya. En 1776, l'impératrice Marie-Thérèse le chargea de classer et de décrire le cabinet impérial d'histoire naturelle de Vienne. Les places lucratives que sa position scientifique lui procura, lui permirent de satisfaire sa générosité naturelle et son amour pour la

science ; il consacra son revenu à des expériences minéralogiques, et à des actes de bienfaisance.

On a de lui :

Voyage minéralogique en Hongrie et Transylvanie; allemand, 1774, in-8°, traduction française par Monnet, 1780.

Lithophylacium Bornianum, Prague, 1772 et 1775, 2 vol.
in-8°, premier ouvrage qui ait fait remarquer le baron de
Born.

*Effigies' virorum eruditorum atque artificum Bohemiæ et
Moraviæ*, Prague, 1773 et 1775, 2 vol. in-8°, fig.

*Mémoires d'une société de savans établie à Prague pour les
progrès des mathématiques, de l'histoire naturelle*, etc. Prague,
1775, 1784.

*Méthode d'extraire les métaux parfaits des minerais, par le
mercure*. Vienne, 1788, in-8°.

Ouvrage qui fait connaître les procédés d'amalgamation
employés en Amérique par les Espagnols, importés en Hongrie et perfectionnés par l'auteur.

*Catalogue méthodique de la collection des fossiles de made-
moiselle E. de Raab.* Vienne, 1790, 2 vol.

On lui attribue un ouvrage satyrique qui eut l'approba-
tion de l'empereur Joseph II, et que nous ne citons que parce
qu'on y a imité plaisamment la nomenclature de *Linné*,
Joannis physiophili specimen monachologiæ. Augsbourg, 1783,
in-4°.

Broussonnet en a donné une imitation sous ce titre :

Essai sur l'histoire naturelle de quelques espèces de moines,
par J. d'Antimoine, 1784, in-8°, fig.

BOSC (Louis-Augustin-Guillaume),
Né à Paris, le 29 janvier 1759;
Mort le 10 juillet 1828.
Naturaliste.

Ce fut un de ces hommes qu'une vocation irrésistible entraîne vers l'étude de la nature ; avant de savoir

lire il rassemblait des plantes, des minéraux, des insectes. Destiné par son père, médecin de Louis XV, aux études mathématiques, il s'occupait avant tout du système de Linnée pour lequel il garda une prédilection toute particulière. Nommé en 1778, par suite de sa conduite et de son aptitude aux affaires, secrétaire de l'intendance des postes, il employait ses heures de loisir à suivre le cours de Jussieu ; il se liait avec des savans, il était un des fondateurs de *la société linnéenne*, il prenait part aux publications de la la *société philomathique*. Vers la fin de la révolution, ses relations avec un des directeurs qu'il avait accueilli à une époque de proscription, le firent nommer consul à New-York. Mais la mésintelligence qui régnait entre les États-Unis et la France l'ayant empêché de remplir ses fonctions, il utilisa plusieurs années d'oisiveté diplomatique à recueillir un grand nombre d'observations sur les plantes et les animaux. En 1800, forcé par les événemens politiques de revenir en France, il passa par l'Espagne pour y étudier la culture. Après un autre voyage en Suisse et en Italie, d'où il rapporta une magnifique collection de poissons pétrifiés offerts par la ville de Vérone, nommé inspecteur des pépinières de l'État, il s'occupa d'économie agricole avec succès. En 1806 il fut reçu à l'Institut ; en 1825 il succéda à Thouin comme professeur de culture au Jardin des plantes ; mais le mauvais état de sa santé ne lui permit point de remplir ces fonctions dans toute leur étendue ; hors d'état de professer, il ne put que donner ses soins à l'administration.

La vie de Bosc fut honorable. Elle a marqué et par un noble désintéressement et par un dévouement héroïque. Pendant la terreur, retiré dans l'ermitage de Sainte-Radegonde, à Montmorency, y exerçant les travaux les plus rudes d'un pauvre cultivateur, il put y rester ignoré, et offrir même un asile à plusieurs proscrits. Le ministre Roland et son héroïque épouse l'avaient servi pendant leur grandeur passagère; il leur donna les preuves les plus actives d'amitié; aussi fut-ce à lui que madame Roland confia sa fille et remit le manuscrit de ses mémoires.

Il a laissé sur les diverses parties de l'histoire naturelle de nombreux articles dans :

Les Mémoires de l'Institut, les Bulletins de la société Philomathique et de la société d'Encouragement pour l'industrie; dans le Nouveau dictionnaire d'Histoire naturelle, etc., de Déterville, dans les Annales de la Société d'agriculture, dans le nouveau Cours complet d'Agriculture théorique et pratique.

Histoire naturelle des coquilles, contenant les mœurs des animaux qui les habitent. Paris, 1801, 5 vol. in-8º.

Histoire naturelle des vers, 1801, 2 vol. in-18.

Histoire naturelle des crustacées, 1802, 2 vol. in-18.

BRÉMONTIER (Nicolas),
Né en 1738;
Mort à Paris, août 1809.
Physicien.

S'il n'a point mérité le nom de naturaliste par des travaux spéciaux sur l'histoire naturelle, il ne doit pas moins être cité avec honneur pour avoir fait une des plus heureuses applications qu'ait pu fournir l'observation d'un fait naturel, en fixant, au moyen de plantations, les sables des dunes de Gascogne. « Des montagnes mobiles de sable, dit du Petit-Thouars, avaient couvert, depuis plusieurs siècles, une vaste étendue de territoire, et enseveli les habitations, les villages et les plus grands édifices sur les côtes de l'Océan, entre l'embouchure de l'Adour et celle de la Gironde ; leur marche progressive menaçait d'envahir de proche en proche tous les champs cultivés, et d'arriver un jour jusqu'aux murs de Bordeaux. Brémontier a trouvé le moyen d'en arrêter les funestes effets par des procédés ingénieux. Il a fait plus, il a rendu à la France une contrée devenue déserte. On voit aujourd'hui avec admiration de superbes forêts de pins maritimes s'élever sur l'espace de plusieurs lieues où l'on ne voyait auparavant que des sables arides. » Il était inspecteur général des ponts et chaussées.

Mémoire sur les dunes et particulièrement sur celles qui se trouvent entre Bayonne et la pointe du Grave, à l'embouchure de la Gironde. Paris, 1796, in-8°.

Voir aussi le rapport fait à la société d'agriculture du département de la Seine (année 1806, tom. IX).

Il a coopéré aussi à un rapport sur l'existence des mines de fer dans le département de la Seine-Inférieure (Magasin Encyclopédique, 3ᵉ année, tom. VI).

BREMSER (Jean-Godefroi),

Né à Wertheim-sur-le-Mein, le 19 août 1767 ;

Mort à Vienne, le 21 août 1827.

Médecin, helminthologiste.

A partir de 1806, ce médecin apporta une attention toute spéciale à l'étude des vers intestinaux. Chargé par Schreiber, directeur du Muséum d'histoire naturelle de Vienne, de classer et d'augmenter la collection de vers intestinaux, il donna à cette collection une grande extension, et fut nommé un des conservateurs du Muséum. Il ne s'occupait pas moins des moyens de combattre les vers intestinaux que de leur histoire naturelle ; et il donnait ses soins à un grand nombre de malades pauvres atteints de cette affection. Il succomba à une hydropisie qui se prolongea pendant deux ans.

Il a publié :

Traité zoologique et physiologique sur les vers intestinaux de l'homme, traduit par Grundler avec notes de Blainville, 1824. Paris.

Icones helminthum, systema Rudolfii entozoologicum illustrantes. Vienne, 1824, in-folio.

BROCCHI (Jean-Baptiste),
Né à Bassano, le 18 février 1772 ;
Mort à Charthum (Sennaar), le 17 septembre 1826.
Géologue.

Il s'occupa, dans sa jeunesse, de littérature, de droit, de minéralogie et de botanique. Lorsque par suite de la conquête d'Italie, des lycées furent établis en 1802, il fut appelé à la chaire d'histoire naturelle fondée à Brescia ; de cette époque commence sa carrière scientifique. S'il ne négligea point les autres parties de l'histoire de la nature, il s'appliqua plus particulièrement au règne minéral ; aussi fut-il appelé à faire partie du conseil des mines établi à Milan ; il remplit ces nouvelles fonctions avec un zèle et une activité dignes d'éloges, et il fit plusieurs voyages géologiques dans le Tyrol et l'Italie. Il avait rassemblé un grand nombre de matériaux qui lui permirent de publier son plus bel ouvrage, *Conchyologia fossile subapennina*, 1814 ; Milan, 2 vol. in-4. Dans cet ouvrage, Brocchi avait modifié les idées trop exclusives de *neptunisme* qu'il professait auparavant, pour ne plus refuser aux volcans sous-marins le rôle important qu'ils ont joué dans les révolutions du globe. En 1811 il fut nommé membre de l'Institut. Cependant la chute de l'empereur entraîna la destitution de Brocchi. Il recourut aux études naturelles pour se consoler de sa disgrâce; le voici parcourant de nouveau l'Italie, la Sicile, étudiant, avec tout le fruit que lui donnaient l'habitude d'une longue observation et les connaissances acquises, la constitution géologique de ces diverses contrées; ce ne fut qu'à partir de ses travaux, que l'on connut la géologie de l'Italie méridionale. Mais l'époque où il vivait, toute livrée aux dissensions politiques, ne lui permit de retirer aucun fruit de tant de zèle et de persévérance. Des offres lui furent faites d'entrer au service du vice-roi d'Égypte; il les accepta, et le 23 septembre 1822 il quitta l'Italie qu'il ne devait plus revoir. Après s'être perfectionné dans l'étude de la langue arabe dont il connaissait les élémens, il fut envoyé successivement en Nubie et au mont Liban pour y explorer les mines qui pouvaient s'y rencontrer. Le premier voyage en Nubie n'avait pu amener aucun résultat faute de combustibles. Il repartit en 1825; et après un voyage très long et très pénible, épuisé par la fatigue et la mauvaise nourriture, malgré sa robuste constitution; il fut enlevé par la fièvre à Charthum, ville du Sennaar.

Il a laissé de nombreux manuscrits, mais ses collections furent presque entièrement perdues par suite de négligence.

Ses principaux ouvrages, outre la Conchyologie déjà citée, sont :

Trattato mineralogico e chimico sulle miniere di ferro del dipartimento del Mella, coll' esposizione della costituzione fisica delle montagne metallifere della Valtrompia; Brescia, 1808, 2 vol. in-8°.

Catalogo ragionato di una raccolta di rocce, disposto con ordine geografico per servire alla geognosia d'Italia. Milan, 1817, in-8°.

Dello stato fisico del suolo di Roma, etc. Rome, 1820, in-8°.

Et de nombreux mémoires dans le *Journal* de Brugnatelli, tom. VIII (1814), tom. X (1817), tom. IV (1821), tom. VI (1823), tom. VII (1824), et dans la *Bibliothèque italienne* de 1816 à 1823.

BROSSE (Guy de la),
Né à Rouen;
Mort à Paris en 1641.
Médecin, fondateur du Jardin royal des Plantes à Paris.

Passionné pour l'étude de la botanique, Guy de la Brosse sut mettre à profit sa position de médecin du roi Louis XIII, pour obtenir de Richelieu les premiers fonds destinés à établir un jardin royal ; il ne se contenta point de solliciter, il y contribua beaucoup lui-même en donnant au roi le terrain sur lequel commença cet établissement, qui depuis a reçu de si vastes accroissements. Cette fondation date de l'année 1626.

Il en fut nommé le premier intendant, et son zéle ne faisant qu'augmenter, il rassembla de tous côtés des plantes dont le nombre se trouva assez considérable, dès 1633, pour qu'il crût devoir en publier la description.

On a de lui :

Dessin du Jardin-Royal pour la culture des plantes médicinales, avec l'édit du roi touchant l'établissement de ce jardin. Paris, 1628, in-8°.

De la nature, vertu et utilité des plantes et dessin du jardin royal de médecine, 1628, in-8°.

Avis défensif du Jardin royal des Plantes médicinales. Paris, 1636, in-4°.

Ouverture du Jardin royal des Plantes médicinales. Paris, 1640, in-4°.

Description du Jardin royal, etc., contenant le catalogue des plantes qui y sont à présent cultivées, ensemble le plan du Jardin, 1636, 1641, 1665, in-4°.

Recueil des plantes du Jardin du Roi.

Un grand nombre de planches gravées devaient représenter les plantes les plus rares qui étaient élevées dans le Jardin. Déjà 400 planches étaient achevées à la mort de Guy de la Brosse. Ses héritiers, gens ignorans, les livrèrent à un chaudronnier au prix du cuivre. Fagon, le célèbre médecin, son neveu maternel, en découvrit plus tard 50; Vaillant et Antoine de Jussieu en ont fait tirer 24 exemplaires.

BROUSSONNET (PIERRE-MARIE-AUGUSTE),
Né à Montpellier, le 28 février 1761 ;
Mort dans la même ville, le 27 juillet 1807.
Médecin, naturaliste.

Le premier ouvrage qui le fit connaître, fut sa thèse pour le doctorat en médecine, qu'il soutint avec éclat à l'âge de 18 ans. Fils de médecin, son éducation avait été dirigée de bonne heure vers l'étude de l'histoire naturelle ; venu ensuite à Paris, il s'appliqua à transporter la nomenclature linnéenne à la zoologie. En 1782 il fut nommé membre de la Société royale de Londres, à la suite d'un séjour de trois années qu'il avait fait en Angleterre. En 1783 il fut choisi comme suppléant par Daubenton à la chaire du collége de France ; les nombreux travaux qu'il ne cessait de publier lui méritèrent bientôt l'honneur d'être admis à l'Académie des sciences. Secrétaire de la société d'agriculture, il contribua à lui imprimer une impulsion d'activité et de recherches utiles. Sa vie jusqu'alors avait été heureuse, calme, et toute consacrée à la science; mais les orages de la révolution vinrent y porter le trouble et les dangers. Il s'était retiré à Montpellier; les opinions du parti Girondin qu'il avait adoptées l'y firent poursuivre, il n'eut que le temps de s'échapper et de passer en Espagne. Il était arrivé à Madrid dans le dénûment le plus complet; ses compatriotes, les émigrés royalistes, loin de lui tendre une main secourable, le firent expulser; heureusement pour lui Banks ayant appris sa position lui envoya un crédit de mille louis. Après avoir couru de nouveaux dangers en Portugal où une tempête l'avait forcé d'aborder, il retrouva la tranquillité et l'étude en se faisant attacher comme médecin auprès de l'ambassadeur des États-Unis à la cour de Maroc. Il passa en Afrique, et rassembla quelques collections de plantes qu'il fit passer à Banks. Lorsque le calme fut rétabli en France, il fut nommé consul à Mogador et voyageur au nom de l'Institut, qui malgré les poursuites dont il était l'objet l'avait honorablement maintenu sur sa liste; bientôt il fut placé à l'école de Montpellier, dans la chaire de botanique. Mais une mort prématurée l'arracha au bout de quelques années à cette carrière qu'il avait préférée à toute autre. Il succomba à une affection cérébrale, qui eut pour premier effet de lui faire perdre la mémoire des noms propres et des substantifs.

Voici les principaux ouvrages qu'il a laissés:

Variæ positiones circa respirationem. Montpellier, 1778, in-4°.

Ichthyologia sistens piscium descriptiones. Decas prima. Londres, 1782, fig.

Ouvrage inachevé, commencé chez Banks.

Elenchus plantarum horti Montpeliensis, 1805.

Il a travaillé de plus, aux *Mémoires de la Société royale d'agriculture ;* à la Feuille du Cultivateur ;

On a de lui : Dans les Mémoires de l'Académie des sciences : *Anarrichus lupus,* année 1785. — *Sur les dents en général et sur les organes qui en tiennent lieu* (1789). — *Comparaison des mouvemens des plantes avec ceux des animaux.* 1787 *(hedysarum gyrans).*

Dans le Journal de Physique :

Du silure trembleur (tom. 27). — *Sur la régénération de quelques parties du corps des poissons* (tom. 35). — *Sur les vaisseaux spermatiques des poissons épineux* (tom. 31).

BRUCKMANN (François-Ernest),

Né à Marienthal, près de Helmstadt, le 27 septembre 1697 ;

Mort à Wolfen-Büttel, le 21 mars 1753.

Médecin, botaniste.

Il recueillit, dans un voyage en Hongrie, une collection précieuse de pierres et de minéraux. Il paraît être un des premiers qui aient remarqué que les végétaux laissent échapper, par l'extrémité de leurs racines, une matière excrémentielle nuisible aux plantes voisines.

Il a laissé :

Specimen botanicum exhibens fungos subterraneos vulgò tubera terræ dictos. Helmstœdt, 1720, in-4°, fig.

Specimen physicum exhibens historiam naturalem oolithi, 1720, in-4°.

Historia naturalis curiosa lapidis τοῦ ἀσβέστου. Leipzig, 1727, in-4°.

Plusieurs exemplaires furent tirés sur du papier fait avec de l'amiante.

Bibliotheca animalis; Leipzig, 1743 et 1747.

Magnalia Dei in locis subterrancis. Helmst., 1727, in-f°.

En outre plusieurs *traductions* et *mémoires,* insérés dans les Éphémérides des Curieux de la nature.

BRUNFELS ou **BRUNSFELD** (Othon),
Né à Mayence;
Mort à Berne, en 1534.
Médecin, botaniste.

Il quitta la chartreuse de Mayence, où il avait pris l'habit religieux, pour se livrer à l'étude des sciences naturelles et pratiquer la médecine. Il s'appliqua surtout à la botanique, et fut le premier qui ait publié des figures exactes.

On a de lui :

Herbarum vivæ Eicones, ad naturæ imitationem summâ diligentiâ et artificio effigiatæ unà cum effectibus earumdem, etc. Strasbourg, 1530, 1531, 3 vol. in-fol.

Onomasticon medicum, continens omnia nomnia herbarum, fructuum, arborum, seminum, florum, lapidum preciosorum, morborum, instrumentorum medicinæ, etc. Strasbourg, 1534, in-fol.

BUFFON (Georges-Louis-Leclerc, comte de),
Né à Montbard, en Bourgogne, le 7 septembre 1707;
Mort à Paris, le 16 avril 1788.
Naturaliste.

Son père, conseiller au parlement de Bourgogne, jouissait d'une fortune qui lui permit de laisser ses enfans choisir le genre de vie qui leur plaisait. Buffon était porté par goût vers les sciences ; ayant étudié la langue anglaise, il traduisit la *Statique des végétaux*, de Hales, et le *Traité des fluxions*, de Newton. Chacune de ces traductions est précédée d'une préface où déjà se révèle l'écrivain et le penseur. Cette publication fut suivie de divers mémoires sur la géométrie, la physique et l'économie rurale, qu'il présenta à l'Académie des sciences : *Expériences sur la force des bois, Disser-*

tation sur la cause du strabisme, Invention des miroirs pour brûler à de grandes distances, etc. Ces travaux l'entraînaient loin de la route qu'il devait parcourir avec tant de gloire, lorsqu'il vint à être nommé intendant du Jardin royal des Plantes. La surintendance de cet établissement, enlevée depuis 1732 aux médecins du roi qui l'avaient complétement négligée, avait été confiée à un directeur spécial, Dufay. Celui-ci, académicien universel, administrateur habile, avait commencé à y apporter de grandes améliorations, lorsque la mort vint le frapper. Près de mourir, il eut l'heureuse inspiration de désigner pour son successeur Buffon, qui venait d'être appelé au sein de l'Académie des sciences (1739).

Ce choix parut tellement bon, que le roi se hâta de le confirmer. Buffon, dès ce moment, comprit tout le parti qu'il pouvait tirer de sa position, et embrassa, avec le coup d'œil du génie, le plan le plus vaste qui jamais eût été conçu depuis Aristote. Seul, il ne pouvait le remplir ; il résolut d'associer à ses travaux un de ses compatriotes, Daubenton, avec lequel il était lié depuis longtemps. L'un rassemblait les matériaux, l'autre les mettait en œuvre. Cette association dura de 1749 jusqu'en 1767, époque pendant laquelle parurent les quinze premiers volumes de l'histoire naturelle. Mais Buffon, ayant laissé publier une édition de l'histoire des quadrupèdes, dans laquelle la partie anatomique avait été retranchée, Daubenton refusa de donner ses soins à l'histoire des oiseaux qui se préparait, et fut remplacé, dans sa coopération, par Gueneau de Montbeillard et l'abbé Bexon.

La réputation de son livre fut universelle ; les savans de toutes les nations rendirent hommage à l'auteur. Louis XV érigea sa terre de Buffon en comté.

On lui éleva de son vivant une statue. Du reste, quelle que fût la complaisance et la satisfaction peut-être trop apparente avec laquelle Buffon acceptait les hommages, il ne cessa de conserver dans ses écrits la dignité d'un homme dévoué à la science. Quoique absent pendant les deux tiers de l'année, et confiné dans sa terre de Montbard, où furent écrites tant de pages immortelles, il veillait à la prospérité de l'établissement qui lui avait été confié. Il savait faire servir la faveur dont il jouissait auprès des ministres et les relations que lui procurait sa renommée, à l'embellissement du Jardin du Roi et à l'agrandissement des collections.

Les derniers momens de sa vie furent empoisonnés par les horribles souffrances de la pierre, auxquelles il succomba. Buffon était d'une taille élevée, d'un aspect imposant, qu'il se plaisait encore à relever par les soins d'une toilette recherchée. Mais sa conversation, d'une simplicité presque triviale, ne répondait nullement à l'idée que donnait de lui la lecture de ses écrits; ceux-ci étaient extrêmement travaillés et retouchés continuellement. On assure qu'il fut obligé de faire recopier onze fois le manuscrit de ses *Époques de la nature*.

Sans cesse dirigé vers les grands objets de la nature, comme il le dit lui-même, Buffon évita avec le plus grand soin toute dispute littéraire ou philosophique; il méprisait les attaques parties du vulgaire, il savait céder aux puissans. La Sorbonne lui suscita une querelle ridicule, il se hâta de faire une espèce d'amende honorable. Dans un moment de mauvaise humeur il avait plaisanté sur cette opinion de Voltaire : que les coquilles fossiles ont été rapportées par des pèlerins venant de Terre-Sainte; il ne tarda point à « avouer que M. de Voltaire devait être traité sérieusement. »

Nous ne nous arrêterons point sur le style de Buffon ; ce style que dédaignait d'Alembert, qu'admirait J. J. Rousseau, a fait sa plus grande gloire ; il fut aussi sa plus grande préoccupation ; les ouvrages bien écrits, a-t-il dit dans son discours de réception, seront les seuls qui passeront à la postérité.

Mais nous devons exposer les principales idées qui ont présidé à la composition de ses ouvrages ; Buffon n'a jamais compris nettement ce qu'était la méthode en histoire naturelle ; aussi se posa-t-il en antagoniste de Linné. Dans ses premiers volumes, il veut bien qu'on établisse une sorte de classification générale ; mais il repousse l'idée des relations qu'ont entre eux les différens êtres naturels, et il trouve plus agréable et plus facile de s'occuper seulement des rapports que les objets ont avec nous. Il est peintre avant tout. Selon lui, il n'existe que des individus dans la nature ; les genres, les ordres et les classes sont le fruit de notre imagination. Mais cette prévention contre la méthode prit surtout sa source dans la manière dont travaillait Buffon ; quand il commença à écrire son grand ouvrage, il n'avait étudié que des individus et n'avait pu entrevoir l'ensemble ; à mesure qu'il avançait, il fut forcé de se soumettre lui-même à ces vues générales qu'il avait d'abord repoussées parce qu'elles n'étaient point le résultat de son observation personnelle, et arrivé à l'histoire des oiseaux, il forma des groupes réguliers, des familles, des genres, et il les fonda sur des caractères communs. Les idées chez Buffon furent donc progressives ; il ne voulut croire qu'en lui-même, mais il ne craignit point de modifier ses opinions, quand l'étude lui révéla des vérités dont il avait jusqu'alors douté. Nous en trouvons une nouvelle preuve dans ses *Études sur la formation du globe*. Dans sa *théorie* il établit que la terre est l'*ouvrage des eaux;* dans son *système* il ne la voit que l'*ouvrage du feu;* dans ses *époques de la nature* il complète ses idées et accorde dans la formation, une part aux eaux, une part au feu. Buffon s'occupa fort peu d'anatomie manuellement; mais il eut le grand mérite d'en comprendre la nécessité, de joindre toujours la description anatomique à la description zoologique, et de saisir par là l'uniformité de plan que la nature avait mise dans la structure du corps des animaux qu'il étudia spécialement, des vertébrés. Cette vue profonde le conduisit à séparer des organes les forces qui les mettent en mouvement et qui président à leur formation.

Il fut moins heureux quand il chercha à voir par lui-même, que quand il travailla sur les faits qui lui étaient rassemblés par Daubenton; on connaît ses erreurs sur les zoo-spermes qu'il prit pour des particules organiques vivantes. Tout son système sur la génération n'est qu'une suite de rêveries; il était sorti des formes qu'il savait si parfaitement dépeindre; il crut qu'à force de génie on pouvait deviner le secret de la nature; il se trompa.

La comparaison des faits, au contraire, le conduisit à d'admirables résultats. Telles sont les considérations qu'il a présentées sur le caractère positif de l'espèce, la *fécondité continue;* sur les rapports de la fécondité avec la taille, sur l'accroissement de la fécondité par la domesticité, sur la distribution géographique des animaux.

Partisan des opinions de Descartes, il voulut bien accorder aux animaux supérieurs, que si souvent dans ses descriptions animées il avait doués de nos sentimens et de nos idées, quelque chose de plus qu'une mécanique grossière; mais il y ramena les animaux inférieurs, et voulut expliquer les hexagones des cellules des abeilles, par la compression réciproque.

C'est à Buffon que l'on doit d'avoir posé, dans le *Règne animal*, l'homme comme *espèce*, et d'y avoir rattaché comme simples variétés ces races que la politique, l'usage, la cupidité voulaient faire regarder comme inférieures.

Mais celle de ses productions où son génie atteint à la plus grande hauteur, où l'élévation et l'étendue des pensées domine la richesse de l'expression, c'est sans contredit son livre des *Époques de la nature*. Le premier il osa « fouiller les archives du monde, tirer des entrailles de la terre les vieux monumens, recueillir leurs débris, et rassembler en un corps de preuves tous les indices des changemens physiques qui peuvent nous faire remonter aux différens âges de la nature. » Il put se tromper dans les détails; mais il ouvrit et traça la route.

La première des éditions de Buffon est encore la meilleure :
Histoire naturelle, générale et particulière avec la description du cabinet du roi. Imprimerie royale, Paris, 36 vol. de 1749 à 1789.

Parmi les éditions modernes, la meilleure est celle de Lamouroux. 40 vol. in-8°; de 1824 à 1830.

Sur la vie et les ouvrages de Buffon, on consultera avec fruit :
Le voyage à Montbard, par Herault de Séchelles, an IX (1801); in-8°.

L'article de la *Biographie universelle*, par Cuvier; et surtout un ouvrage de M. Flourens : BUFFON. *Histoire de ses travaux et de ses idées.* Paris, 1844, in-12.

BULLIARD (Pierre),

Né à Aubepierre en Barrois, vers 1742;
Mort à Paris, en septembre 1793.
Botaniste.

Ce fut un de ces hommes qui, sans se placer au premier rang par un génie inventif ou par de grandes découvertes, n'en méritent pas moins la reconnaissance de la postérité, pour le zèle et la constance avec lesquels ils ont travaillé à populariser une science et à en étendre le domaine.

Une vocation irrésistible l'entraînait vers la botanique. Au milieu de ses études classiques, il recherchait les auteurs anciens qui traitaient de l'histoire naturelle, et composait un herbier. Ses études terminées, il vint à Paris, et apprit le dessin et la gravure, pour pouvoir rendre plus fidèlement les végétaux dont il voulait publier les figures. Le premier il employa le procédé plus économique d'imprimer les plantes en couleurs. A ses connaissances en botanique, il en joignait d'autres assez étendues sur l'histoire des oiseaux et des insectes.

Il a laissé:

Flora parisiensis, 1774, 6 vol. in-8°, fig.

Aviceptologie française. Traité général de toutes les ruses dont on peut se servir pour prendre les oiseaux. Paris, 1778 et 1796.

Herbier de la France ou collection des plantes indigènes de ce royaume. 1780 à 1793, en 12 parties, renfermant 602 planches coloriées.

Dictionnaire élémentaire de botanique, 1781, in-fol.

Histoire des plantes vénéneuses et suspectes de la 'France, 1784, 5 vol. in-8°.

Histoire des champignons de la France, 1791-1812, in-f°, avec planch.

C'est le plus bel ouvrage de l'auteur; il y a décrit et figuré un grand nombre d'espèces nouvelles ou peu connues.

CAMÉRARIUS (JOACHIM II),
Né à Nuremberg, le 6 novembre 1534;
Mort dans la même ville, le 11 octobre 1598.
Médecin, botaniste.

La famille des Camérarius est une de celles qui ont illustré l'Allemagne dans le xvie et le xviie siècle. Les titres d'illustration scientifique s'y transmirent pendant plusieurs générations, comme chez d'autres les titres de noblesse. Leur véritable nom était Liebhard. Mais il fut changé en celui de Camérarius, parce qu'un de leurs ancêtres avait exercé à la cour la charge de chambellan. Le premier de cette race fut Joachim Ier, littérateur, savant universel, qui donna un grand nombre d'éditions et de versions d'auteurs latins et grecs.

Joachim II, son fils, exerçant avec éclat la médecine, eut un goût particulier pour la botanique. Il avait établi, aux portes de Nuremberg, un jardin où il cultivait un grand nombre de plantes rares, dont les graines lui étaient envoyées par les botanistes célèbres de cette époque, avec lesquels il était en correspondance : il entretenait près de lui plusieurs jeunes gens qu'il reconnaissait aptes à son étude favorite. Il acheta la bibliothèque botanique de Conrad Gesner, ainsi que les manuscrits et la collection de toutes les figures de plantes gravées sur bois, au nombre de plus de quinze cents, laissés par ce savant. Ces matériaux lui furent très utiles pour ses publications. Tournefort même l'a accusé de n'avoir fait que copier Gesner; mais ces reproches sont sans contredit exagérés. Camerarius observa beaucoup par lui-même, et on lui doit plusieurs descriptions et plusieurs figures importantes, entre autres, celle fort exacte de la germination du palmier-dattier. Plusieurs princes voulurent se l'attacher comme médecin; il résista à toutes les sollicitations pour ne pas être distrait de ses travaux habituels. Il ne céda qu'aux instances de Guillaume, landgrave de Hesse-Cassel, qui l'appela dans sa capitale pour diriger l'établissement d'un jardin botanique.

On a de lui :

Epitome utilissima Petri Andreæ Matthioli, novis iconibus, descriptionibus plurimis diligenter aucta. Francfort, 1588, in-4°. 1600 figures environ, pour lesquelles il s'est beaucoup aidé de celles de Gesner.

Hortus medicus et philosophicus, etc., Francfort, 1588, et Nuremberg, 1654, in-4°. Catalogue des plantes de son jardin. On y trouve la planche du dattier et la première figure de l'agave.

Symbolorum et emblematum centuriæ. Ex herbis et animalibus centuriæ III. Ex herbis et stirpibus I. Ex animalibus quadrupedibus II. Ex volatilibus et insectis, ex aquatilibus et insectis IV. Nuremberg, 1605, in-4°.

Eclecta Georgica. Nuremberg, 1577. Catalogue d'auteurs qui ont écrit sur la botanique.

Un autre Camérarius (Rodolphe-Jacques), né le 17 février 1665, à Tubinge, mort le 11 septembre 1721, médecin-botaniste, a écrit avant Linné sur la fécondation des plantes :

De sexu plantarum epistola. Tub. 1694, in-4°.

De convenientiâ plantarum in fructificatione et viribus. Tub. 1699. — *Specimen experimentorum circa generationem hominis et animalium,* Tubinge, in-4°.

CAMPER (Pierre),

Né à Leyde, le 11 mai 1722;

Mort le 7 avril 1789.

Médecin, naturaliste.

Élevé sous les yeux de savans distingués, amis de son père, et parmi lesquels on distinguait Boerhaave,

le jeune Camper fut de bonne heure versé dans l'é-
tude des sciences. Après la mort de ses parens, en
1748, il voyagea en Angleterre, en France, en Allemagne, accueilli avec faveur par les savans les plus
distingués de cette époque. Revenu dans sa patrie, il
occupa successivement les chaires de philosophie, d'a-
natomie et de chirurgie à Franeker, Amsterdam, Gro-
ningue, et s'y fit remarquer. Les prix nombreux qu'il
remporta dans les diverses académies de l'Europe accrurent sa réputation, mais le portèrent plutôt à écrire
des mémoires que des ouvrages étendus. Il fut nommé
membre correspondant des académies de Berlin, de Pétersbourg, de Paris, etc. Cette haute position scientifique le conduisit aux honneurs; il fut membre du
conseil d'état des Provinces-Unies. Lors de la révolution
de 1787, il resta attaché au parti du stathouder. Toutefois, on prétend que des chagrins politiques abré-
gèrent ses jours.

Camper fit faire quelques progrès à l'ostéologie. Le
premier il découvrit la présence de l'air dans les cavi-
tés intérieures du squelette des oiseaux : il chercha à
établir que plusieurs fossiles sont les traces d'animaux
dont l'espèce est perdue aujourd'hui; mais son travail
le plus remarquable est celui qu'il publia sur les *variétés de l'espèce humaine.* C'est là que sont consignées
ses observations *sur la ligne faciale :* en dessinant, les
unes à côté des autres, des têtes d'homme blanc,
d'homme noir, d'orang-outang, etc., il vit qu'une ligne
menée du front à la mâchoire supérieure et tombant sur
les dents incisives, s'inclinait de plus en plus en ar-
rière, à mesure qu'on descendait dans l'échelle des ver-
tèbrés. C'était sans contredit un fait curieux; mais on
s'empressa d'en tirer les conséquences les plus exagé-

rées et l'on en vint à 'vouloir mesurer les degrés d'une intelligence comme les degrés d'un angle.

On a de lui :

Sur l'organe de l'ouïe des poissons, 1774 (7ᵉ volume des Mémoires de mathématique et de physique présentés à l'Académie des sciences).

Dissertation sur les variétés naturelles qui caractérisent la physionomie des hommes des divers climats et des divers âges. Paris, 1791, in-4°.

Description anatomique d'un éléphant mâle (ouvrage posthume), 1802, in-fol.

Observations anatomiques sur la structure intérieure et le squelette de plusieurs espèces de cétacés, 1820, avec planches, et notes de Cuvier, in-4°.

OEuvres qui ont pour objet l'histoire naturelle, la physiologie et l'anatomie (trad. par Jansen), 1803, 3 vol. in-8°.

CATESBY (MARC),
Né en Angleterre en 1680 ;
Mort le 3 janvier 1750.
Naturaliste.

Il séjourna pendant près de douze ans en Amérique, dans la Virginie, la Caroline, la Floride, les îles Bahama. Il rapporta en Europe de riches collections, et publia dans un magnifique ouvrage dont il composa lui-même les dessins et dont il grava les planches, le fruit de ses longues recherches. Il y a donné beaucoup plus de place à la botanique qu'aux autres parties de l'histoire naturelle, et a fait connaître plusieurs plantes inconnues jusque-là en Europe. Il fut nommé membre de la Société royale de Londres.

Il a publié :

Histoire naturelle de la Caroline, de la Floride, des îles de Bahama (en français et en anglais). Londres, 1731-43-48, 2 vol. in-fol. 220 planches coloriées et une carte.

Hortus britanno-americanus, &r *a collection of* 83 *trees and shrubs, the produce of North-America, adopted to the climates and soils of Great-Britain.* Londres, 1767, in-4°, 17 planches (ouvrage posthume).

Mémoire sur les migrations des oiseaux de passage (inséré dans les Transactions philosophiques, vol. 44).

CAVANILLES (Antoine-Joseph),
Né à Valence (Espagne), le 16 janvier 1745 ;
Mort à Madrid en 1804,
Prêtre, botaniste.

Nommé gouverneur des enfans du duc de l'Infantado, ambassadeur à Paris, il vint dans cette ville en 1777 et y demeura douze ans, pendant lesquels il se livra avec la plus grande ardeur à l'étude de la botanique, et y publia même un ouvrage en latin :

Monadelphiæ classis dissertationes decem. Paris, 1785, in-4°.

De retour dans sa patrie, il ne tarda pas à faire paraître un ouvrage enrichi de 601 planches supérieurement dessinées par lui-même :

Icones et descriptiones plantarum quæ aut sponte in Hispaniâ crescunt, aut in hortis hospitantur, 1791-99, 6 vol. in-fol.

Il composait cet ouvrage remarquable, lorsqu'il reçut de son gouvernement l'ordre de parcourir l'Espagne et de rechercher les plantes qu'elle produit. Il ne s'en tint point aux végétaux, mais il fit de nombreuses observations sur les minéraux, la géographie et l'agriculture de sa province qui furent consignées dans un ouvrage publié en espagnol et aux frais de l'état, sous ce titre :

*Observaciones sobre la historia natural, geografia, agricul-
tura, poblacion y frutos del regno de Valencia.* Madrid,
1795-97, 2 vol. in-fol. fig.

On a reproché à Cavanilles une extrême vanité, et
uu caractère irritable, qui le poussèrent à des disputes
très vives avec Lhéritier et ses collaborateurs, auteurs de la Flore du Pérou.

CELSIUS (Olaüs),
Né en Suède en 1670 ;
Mort en 1756.
Ministre évangélique, botaniste.

Il était fils de Magnus-Nicolas Celsius, qui, lui-
même, a publié sur l'histoire naturelle :

De plantis Upsaliæ. Upsal, 1647, in-8°.
Dissertatio de naturâ piscium in genere et piscaturâ. Stockholm, 1676, in-4°.

Mais il a été beaucoup plus célèbre que son père,
par l'universalité de son savoir, étant versé tout à la
fois dans la théologie, les langues orientales et la botanique. Ses connaissances spéciales le conduisirent à
déterminer les plantes dont il est parlé dans la Bible,
surtout celles que les interprètes désignaient par le
nom Hébreu, n'ayant pu leur trouver un nom ni en
grec, ni en latin.

Mais son plus bel ouvrage est l'éducation de Linné.
Ce grand homme encore fort jeune, était sans fortune ;
Celsius l'accueillit, le logea dans sa maison, lui ouvrit
sa bibliothèque, le dirigea et l'encouragea dans ses premières tentatives de réforme. Linné a voulu lui en témoigner sa reconnaissance, en donnant le nom de

celsia à une plante de l'île de Crète qui a beaucoup d'a-
nalogie avec les verbascum. Il l'a qualifiée d'*Orientalis*,
moins par souvenir du climat où on la rencontre, que
par allusion à la connaissance des langues orientales
que possédait son maître.

Il a publié :

*Hiero-botanicon, seu de plantis sanctæ Scripturæ disserta-
tiones breves. Upsal, 1745.*

Et aussi, à l'imitation de son père, un *Catalogue des
plantes qui croissent aux environs d'Upsal.*

CÉSALPIN (André) ;
Né en 1519 à Arezzo en Toscane ;
Mort à Rome, le 23 février 1603.
Médecin, botaniste.

Grand partisan de la philosophie d'Aristote qu'il
avait profondément étudiée et peut-être mieux com-
prise que ses contemporains, il lui dut et ses succès, et
les violentes attaques auxquelles il fut en butte. Les
accusations dirigées contre son orthodoxie partirent
d'Angleterre et de France, mais elles n'obtinrent point
grand crédit en Italie, car il y resta fort tranquille, et
même, après avoir enseigné longtemps la médecine
et la botanique à Pise, il fut appelé à Rome et nommé
premier médecin du pape Clément VIII. Ses ouvrages
de médecine sont tombés dans l'oubli; il n'en est pas
de même du traité qu'il écrivit sur la botanique.

Dédaignant l'ordre alphabétique ou une classification fondée sur des propriétés arbitraires, il chercha
dans l'observation de la nature une marche plus certaine, et fut le premier inventeur d'une méthode fondée sur les caractères tirés de l'examen de la plante, sur
la fleur, le fruit, le nombre des graines qu'il compara

aux œufs des animaux. On peut lui reprocher de n'avoir pas joint de figures à ses descriptions, et, ce qui est beaucoup plus grave, de n'avoir établi aucune synonymie, et d'avoir fait connaître les plantes par des noms vulgaires, usités seulement dans quelques points de l'Italie. La préface de ce livre dédiée à Médicis est un morceau de haute philosophie scientifique. Les principes qu'il y expose ne furent de longtemps compris ; il fallut près d'un siècle pour qu'on en revînt à l'observation naturelle. On trouve aussi dans ses ouvrages quelques notions générales sur la circulation du sang.

On distingue parmi ses écrits :

De plantis libri 16. Florence, 1583, in-4°. — *Appendix ad lib. de Plantis et quæstiones peripateticas.* Rome, 1603, in-4°.

De metallicis libri tres. Rome, 1596, in-4°.

CÉSI (Frédéric, duc de Aqua-Sparta, prince),
Né à Rome en 1585 ;
Mort en 1639.
Naturaliste.

Honneur aux hommes qui font servir leur puissance et leurs richesses à soutenir et à propager l'amour de la science ; leur nom doit être placé à côté des plus illustres. Tel fut le prince Cési. Dès sa plus tendre jeunesse, il fit éclater ces nobles sentimens ; en vain sa famille les combattit et persécuta même Jean Eckius, médecin hollandais qui les lui avait inspirés. A dix-huit ans il institua l'Académie des *Lyncæi*, la première académie d'Italie, dont le but ne fût pas littéraire. Celle-ci, qui prenait pour devise un lynx, avait pour objet de travailler aux découvertes d'histoire naturelle ; elle compta parmi ses membres Galilée ; le prince la réunissait dans son palais et fournissait à toutes les dépenses. Elle ne survécut que vingt ans à la mort de son fondateur. Le prince Cési découvrit le premier les graines de la fougère.

On a de lui :

Apiarium. Rome, 1625, in-fol. — *Metallo-phytum* (bois fossiles). — *Prodigiorum omnium physica expositio.* — Une édition de *l'Abrégé de l'Histoire naturelle du Mexique* de Hernandez, suivi de *Tabulæ phytoscopicæ ;* qui offrent d'une manière très méthodique une classification des plantes.

CIRILLO (Dominique),

Né en 1734 à Grugno (royaume de Naples) ;
Décapité en 1799.
Médecin, botaniste.

Il cultiva avec un égal succès la médecine et l'histoire naturelle, et obtint très jeune encore, au concours, une chaire de botanique. Attaché plus tard à lady Walpole, il la suivit en France et en Angleterre, et se mit en rapport avec les savans les plus distingués de ces deux pays. De retour dans sa patrie, il fut nommé professeur de médecine et médecin de la cour ; mais les pauvres ne l'en trouvèrent que plus empressé à les soulager et à les secourir. En 1779 il fut nommé pensionnaire de l'Académie des sciences et belles-lettres de Naples. Pouvait-on croire qu'une vie tout entière consacrée à l'étude de la science et à la pratique de la bienfaisance dût être tranchée par la main du bourreau.

Les armées françaises entrées dans Naples le 23 janvier 1799, y avaient proclamé la république. Il dut à ses vertus d'être nommé président de la commission législative. Dans cette haute position qu'il n'avait acceptée qu'avec répugnance, il montra et le même désintéressement et le même zèle pour le bonheur de ses concitoyens. Obligé de renoncer à sa clientèle, il refusa tout émolument, et s'occupa constamment à faire le bien et à empêcher le mal. Mais le 13 juillet de la même année, Ferdinand était ramené en vainqueur à Naples, et les supplices signalèrent son retour. Au mépris d'une capitulation, Cirillo fut arraché du vaisseau qui l'emmenait et condamné à mort. Deux Anglais, lord Nelson et Guillaume Hamilton, intercédèrent activement, et obtinrent pour lui la vie à condition qu'il la demanderait humblement. Cirillo s'y refusa, il ne voulut point ternir une vie sans reproche par une rétractation humiliante; sa mort mit le comble aux crimes de la contre-révolution.

Il a publié entre autres ouvrages :

Ad botanicas institutiones introductio. Naples, 1771, in-4°.

Fundamenta botanica. Naples, 1787, 2 vol. in-8. Excellent commentaire de la philosophie botanique de Linné.

De essentialibus nonnullarum plantarum characteribus. Naples, 1784, in-8°.

Plantarum rariorum regni Neapolitani fasciculi. 1788-1793, in-f°.

Le virtù morali dell' asino, discorso accademico. Nice, 1789, in-8°.

———————

COLONNA (Fabio). Nom latinisé : Fabius **COLUMNA,**
Né à Naples en 1567;
Mort dans la même ville en 1650.
Botaniste.

Descendant de la famille du cardinal Pompée Colonna, vice-roi de Naples, il fut destiné à la carrière du droit, et commença par faire de brillantes études, réussissant à la fois dans les langues anciennes, les mathématiques, la musique, le dessin, la peinture. Malheureusement il était sujet à des attaques d'épilepsie. Après avoir employé sans succès les remèdes usités alors contre cette terrible maladie, il se mit à rechercher dans les anciens auteurs ce qu'ils avaient écrit à ce sujet. Dioscoride recommandait une plante à laquelle il donnait le nom de *Phu*. Colonna, en comparant les caractères donnés par l'auteur grec avec ceux des plantes qu'il observait lui-même, constata que cette plante était la valériane, et lui dut, sinon une guérison, au moins une grande amélioration. Dès ce moment, il consacra son temps à établir la concordance des noms donnés par les anciens avec les noms modernes, et à l'âge de vingt-cinq ans il publiait son *Phytobastane*, livre où ce but était plutôt indiqué qu'atteint, mais qui se recommandait par l'exactitude des descriptions, et la beauté des figures gravées pour la première fois sur cuivre. Dès lors sa réputation fut établie ; aussi fut-il un des fondateurs de l'académie des *Lyncæi* (voir Cési). Le premier dans des notes placées à la suite de l'*Abrégé de l'Histoire naturelle du Mexique* d'Hernandez, il proposa de se servir du mot *Pétale* au lieu du mot feuille, qui, employé pour désigner plusieurs organes divers, faisait équivoque. On croit aussi qu'il travailla aux tables phytoscopiques qui se trouvent à la suite de cet ouvrage. Vers 1628, ses attaques d'épilepsie le reprirent avec une violence que ne put apaiser la valériane ; ses facultés intellectuelles finirent par en être altérées, et il passa les dernières années de sa vie dans un état d'imbécillité.

Il a publié :

Φυτοβάστανος, *sive Plantarum aliquot historia, in quâ describuntur diversi generis plantæ veriores, ac magis facie, viribus respondentes antiquorum Theophrasti, Dioscoridis, Plinii, Galeni, aliorumque delineationibus, ab aliis huc usque non animadversæ; accessit insuper piscium aliquot plantarumque novarum historia.* Naples, 1592. — Florence, 1614, in-4°.

Minus cognitarum rariorumque nostro cœlo orientium stirpium ἔκφρασις. Item de aqualilibus conchis, aliisque animalibus libellus. Rome, 1616, in-4°.

De purpurâ, ab animali testaceo fusa, de hoc ipso animali, aliisque rarioribus testaceis quibusdam tractatus. Rome, 1616.

De glossopetris. Kiel, 1675, in-4°.

CRONSTEDT (Axel-Frédéric de),
Né en 1722, en Suède, dans la province de Sudermanie ;
Mort le 19 août 1765.
Minéralogiste.

Fils d'un lieutenant-général directeur des fortifications, il fit des progrès rapides dans les sciences physiques et mathématiques. C'est lui qui parvint à isoler le nickel de la substance qui était connue sous le nom de *Kupfer-nickel.*

Il a publié dans les Mémoires de l'académie de Stockholm une *dissertation sur le zéolithe.* Son principal ouvrage est un *Essai de minéralogie* qui a été traduit en allemand par Werner, Leipzig, 1780. Une autre traduction allemande avait été donnée en 1760 par Wiedmann, elle fut reproduite en français par Dreux, sous ce titre :

Essai d'une nouvelle minéralogie, traduit du suédois et de l'allemand. Paris, 1771, in-8°.

CUVIER (Léopold-Chrétien-Frédéric-Dagobert, baron Georges)
Né le 23 août 1769, à Montbéliard (alors appartenant aux
ducs de Wurtemberg) ;
Mort à Paris, le 13 mai 1832.
Naturaliste.

Son père issu d'une famille de protestans réfugiés, n'avait pour toute ressource, après quarante ans de services dans l'un des régimens Suisses à la solde de la France, qu'une modique pension de retraite. Cependant son éducation ne fut pas négligée. Sa mère, femme d'un esprit distingué, contribua, comme le fit la mère de Buffon, à développer en lui cette intelligence précoce, qui, déjà au milieu des jeux de l'enfance, préludait à ses glorieux travaux. Le jeune Cuvier montrait pour le dessin une facilité toute spéciale, et il l'employait à copier les figures d'un Buffon, qu'il enluminait ensuite avec soin et d'après la description. Aussi, grâce à cet exercice sans cesse répété et à sa vaste mémoire, connaissait-il dès l'âge de douze ans un bon nombre de quadrupèdes et d'oiseaux. A quatorze ans et demi il avait terminé les études de collége, et poussé par la nécessité il concourut pour une des bourses que la ville de Montbéliard possédait à l'université de Tubingue. Une injustice lui ravit la place qu'il méritait ; s'il l'eût obtenue il fût devenu pasteur protestant. Cette disgrâce lui valut la protection du duc de Wurtemberg, qui le plaça gratuitement à l'académie de Stuttgard. Là, après une année de philosophie et d'étude de la langue allemande, il suivit le cours de droit; mais il ne cessa de cultiver les sciences naturelles, herborisant, visitant les collections, et dessinant des insectes avec une rare perfection.

A l'académie comme au collége, il s'était placé au premier rang ; il ralliait autour de lui ses camarades, et formait avec eux des conférences dont il était toujours nommé le président. Cependant les études du jeune homme étaient terminées, il s'agissait de les utiliser ; il avait dix-neuf ans, et la position de son père ne lui permettait point de courir les chances d'une profession incertaine dans ses résultats. Il accepta donc avec empressement l'offre qu'on lui fit d'une place de précepteur dans une famille protestante de la Normandie. Les sept années que Cuvier passa dans la famille du comte d'Héricy au château de Fiquainville sur les bords de la mer, furent employées en recherches sur les vers, les mollusques et les poissons. Il s'y façonna en outre aux bonnes manières d'une société d'élite, et y trouva un abri constant contre les orages de la révolution qui ne vinrent point troubler ses études. S'il se mêla au club populaire qui s'était formé dans sa commune, ce fut pour lui imprimer une tendance vers les améliorations d'agriculture. Cependant l'abbé Tessin, auteur des articles d'agriculture du dictionnaire d'Encyclopédie méthodique, était venu chercher vers 1794 un refuge dans le voisinage du château qu'habitait Cuvier. Les mêmes goûts eurent bientôt établi entre eux des rapports intimes. L'agronome fut étonné des vastes connaissances, des vues profondes de son jeune ami. Il en parla souvent avec le plus grand éloge dans ses lettres à Jussieu, à Parmentier, à Geoffroy. Deux mémoires, l'un sur l'*anatomie du poulpe et de l'escargot* avec des dessins, l'autre sur la *classification des quadrupèdes,* achevèrent de le faire connaître avec avantage des membres de la société d'histoire naturelle. Sur les espérances qui lui furent données, Cuvier quitta les fonctions de précepteur pour lesquelles il n'était point fait, et vint à Paris en 1793. Dès ce moment sa fortune et sa réputation s'accrurent avec une rapidité prodigieuse. Un vieillard octogénaire, Mertrud, était nominalement professeur d'anatomie comparée au muséum; Cuvier, sur la recommandation de Geoffroy, fut nommé son suppléant.

Le voici au milieu des plus riches collections qui existassent alors; avec une activité incroyable il se met à les coordonner, à les compléter. Buffon assez peu soucieux d'anatomie, avait relégué dans les greniers du Muséum les squelettes que Daubenton avait fait préparer. Cuvier, aidé de son frère, les tire de l'oubli, les range méthodiquement, et, le premier, commence cette galerie d'anatomie devenue par ses soins une des plus importantes parties du Muséum. Mais à peine si pendant quelques années il se consacre tout entier aux travaux scientifiques, bientôt viennent s'y joindre les emplois publics.

A la fin de l'année 1793, il avait été nommé membre de l'Institut, il ne tarda pas à être secrétaire annuel, puis secrétaire perpétuel de cette compagnie. En 1800 il succédait à Daubenton au collége de France. En 1802 il fut un des six inspecteurs généraux nommés par Napoléon pour reconstituer l'Université; peu de temps après, devenu conseiller, il fut chargé d'organiser les académies d'Italie, de Hollande. A son retour il entra au conseil d'état en qualité de maître des requêtes; en 1812, il était conseiller. Celui qui devait être choisi comme un nouvel Aristote, pour l'éducation du futur empereur, ne fut pas moins bien partagé par la restauration. Outre les places qu'il possédait et qui lui furent confirmées, il fut successivement créé directeur des cultes dissidens, baron et grand officier de la Légion d'honneur. Ces derniers titres furent-ils accordés au savant dont le nom remplissait l'Europe, ou au commissaire du roi qui avait soutenu des lois déplorables? Laissons de côté les faiblesses d'un grand homme pour nous occuper de ses glorieux titres à l'immortalité.

Cuvier avant son arrivée à Paris, s'était surtout occupé de quelques descriptions d'insectes et de mollusques, mais déjà, il avait composé presque entièrement son *mémoire sur le larynx inférieur des oiseaux.* Ces sujets, bien limités sans doute, étaient présentés par lui avec d'autant plus d'originalité que dans son séjour à la campagne, privé de livres, il avait été réduit à sa seule observation. En 1798 il publia pour ses éditeurs à l'école centrale du Panthéon son Tableau élémentaire des Animaux. Là se trouvait l'ébauche de sa belle loi de la subordination des caractères zoologiques.

En 1808 il fit paraître deux importans mémoires : l'un sur la *nutrition des insectes*, l'autre sur le *sang rouge de certains vers,* et spécialement *des sangsues.*

Ces divers mémoires indiquent un observateur intelligent, mais ce ne sont pas des œuvres de génie. Le génie n'éparpille pas ses forces, il les concentre au contraire sur un point, et pour y atteindre il procède avec persévérance, quelquefois même avec lenteur. La patience, a dit Buffon, est la compagne et l'auxiliaire du génie. Aussi ne doit-on considérer ces essais, que comme une préparation à des travaux plus importans. Bientôt nous allons voir un but unique poursuivi avec tous les efforts d'une observation minutieuse et patiente, puis atteint au moyen d'inductions hardies, mais qu'autorise une logique sévère.

Dès 1796, dans un *mémoire sur les éléphans fossiles,* lu à la séance publique de l'Institut, il avait émis cette pensée : que « les débris d'animaux enfouis dans la terre, appartiennent à des espèces perdues. » La comparaison qu'il avait faite de plusieurs fossiles avec les squelettes de sa collection, venait en effet corroborer ce qui n'était encore qu'une opinion ; pour la transformer en vérité, il fallait s'assurer des caractères des espèces existantes, et principalement de leur structure. Aussi commença-t-il, en 1800, par ses *leçons d'anatomie comparée.* Du reste, il n'y a que l'introduction, la première leçon et les généralités en tête des autres qui soient de la main de Cuvier, le reste, seulement revu par lui, fut rédigé par MM. Duméril et Duvernoy, sur des notes prises à son cours. En même temps un prospectus qu'il envoyait au nom de l'Institut, appelait tous les savans des pays civilisés à rechercher les fossiles et à lui en transmettre des copies exactes. L'émulation de recherches s'établit même parmi les gens du monde ; et bientôt Cuvier fut possesseur de la plus riche collection de fossiles qui existât. Mais comment avec ces débris incomplets reconstituer l'animal perdu? Cuvier osa le faire ; il osa même décrire ses mœurs, ses habitudes, ses lieux d'habitation , et chacun écouta avec admiration ces révélations des temps passés. Le fil qui le guidait dans cette voie inconnue était la subordination des caractères, loi établie par lui d'une manière si lumineuse, et qui, de l'examen d'une dent , d'un pied conduit à connaître si l'animal est carnassier ou herbivore, pachyderme ou ruminant, agile ou lourd dans ses mouvemens, etc.

En même temps qu'il préparait tant d'immenses matériaux, il publiait dans les Annales du Muséum une suite de monographies sur *l'anatomie des mollusques;* de nombreux mémoires sur les *ossemens fossiles*. Il entreprenait avec son ami Al. Brongniart un travail sur la *constitution géologique des environs de Paris,* travail qui devint le point de départ et le modèle de tous ceux qui furent faits depuis. Il utilisait les voyages que lui imposaient ses fonctions publiques, à recueillir de nouveaux documens, à vérifier ceux qu'il avait acquis. Enfin en 1812 il était arrivé à pouvoir résumer et coordonner ses vues et sur les espèces perdues et sur les espèces existantes. C'est alors, que publiant le recueil de ses mémoires sur les ossemens fossiles, il y ajouta ce *discours préliminaire sur les révolutions de la surface du globe*, magnifique introduction à l'histoire du monde. Dès lors aussi il fit pressentir sa nouvelle classification des animaux en quatre embranchemens. Mais ce ne fut qu'en 1817 qu'il publia la première édition du *Règne animal*, où se trouve l'application détaillée de ces nouveaux principes qui nous montraient la nature jetant la matière animale dans quatre moules différens, celui des vertébrés, celui des mollusques, celui des insectes et celui des zoophytes.

En 1823, pour utiliser l'immense collection de poissons décuplée par ses soins, et d'ailleurs attiré par un goût particulier qu'il devait à son long séjour sur les côtes de l'Océan, il commença une *histoire des poissons* pour laquelle il s'adjoignit M. Valenciennes.

Cuvier fut un administrateur actif et éclairé, un professeur habile. Pour excuser l'ambition qui le poussait à rechercher les places, on a dit, mais à tort, que les emplois dont il était surchargé n'avaient point nui à ses travaux scientifiques. Nous ne citerons pour preuve du contraire que ces paroles recueillies à son lit de mort : « Et tant de choses cependant qui me restaient à « faire ; trois ouvrages importans à mettre au jour. Les « matériaux préparés, tout était disposé dans ma tête, « il ne me restait plus qu'à écrire !... »

Il ne fit son cours d'anatomie que quinze années sur trente-sept, et celui du collége de France que seize sur trente-deux, et cependant ces cours ont grandement contribué à sa gloire ; celui qu'il fit au collége de France sur l'*histoire des sciences naturelles* dans ces dernières années eut surtout un immense retentissement. Le 8 mai 1832, il avait rouvert ce cours par un discours rempli d'aperçus magnifiques sur l'état présent du globe, ses révolutions et sur la puissance créatrice, mais empreint d'une mélancolie prophétique. Au sortir de la séance il éprouva des symptômes de paralysie. Le mal fit des progrès rapides, qu'il suivait avec la présence d'esprit d'un profond anatomiste, qu'il supportait avec le courage d'un philosophe. Le 13 il avait cessé de vivre! Sa perte fut universellement sentie; ses funérailles furent dignes de sa renommée. Elles furent accomplies avec un immense concours de citoyens que n'avait pu détourner de ce pieux devoir la crainte du choléra qui sévissait alors dans Paris.

Cuvier possédait une variété de connaissances très étendues, plusieurs langues vivantes : sa mémoire était prodigieuse. Il était naturellement affable, assez porté au sarcasme, et très irritable; mais s'il se livrait facilement à des mouvemens d'impatience, il cherchait aussitôt à les faire oublier par des paroles affectueuses.

D'une stature moyenne, sa tête énorme était en disproportion avec sa taille. Sa figure était imposante, son menton proéminent; son nez était fort grand et recourbé, la voix s'y engouffrait quelquefois désagréablement.

Il avait épousé la veuve d'un fermier général. Cette union eût été fort heureuse s'il n'avait vu mourir avant lui et les enfans issus du premier mariage, et une fille chérie âgée de vingt-deux ans. L'ébranlement moral que lui causa cette perte, contribua sans doute à affaiblir chez lui les ressorts de la vie.

On fit l'autopsie de son corps. Aucune lésion ne révéla la cause organique de la paralysie qui l'avait frappé. Son cerveau extraordinaire par son volume et ses profondes circonvolutions pesait environ 1815 grammes, à peu près un tiers de plus que les cerveaux ordinaires.

Voici les principaux ouvrages qu'il a laissés :

Tableau élémentaire de l'histoire des animaux. 1798-99, in-8°.

Leçons d'anatomie comparée. 5 vol. in-8°, 1800-1805.

Rapport historique sur les progrès des sciences naturelles. 1810, vol. in-8°.

Recherches sur les ossemens fossiles. 1812, 4 vol. in-4°. — 2ᵉ édit. 1821 à 1824. — 3ᵉ édit. 1834, 7 vol.

Le règne animal distribué d'après son organisation. 1817, 4 vol. — 2ᵉ édit. 1829 à 1830, 5 vol.

Recueil des éloges historiques lus dans les séances publiques de l'Institut. 3 vol. in-8°.

Plusieurs articles de la *Biographie universelle.*

Plusieurs articles du Dictionnaire des Sciences naturelles.

Et de nombreux *mémoires* insérés dans le Journal d'histoire naturelle (1792); dans le Magasin encyclopédique (1793); la Décade philosophique (1795); dans le Bulletin de la Société philomathique (de 1796 à 1800); les Annales du Muséum; le Journal de Physique (1800); les Mémoires de l'Académie des sciences.

On peut consulter, sur la vie de Cuvier, les mémoires de Mᶜ Sarah Lee (1833, in-8°); l'article de M. Laurillard dans la Biographie universelle; la Vie de quelques illustres naturalistes, par M. Isidore Bourdon (1844); son éloge historique par M. Flourens.

CUVIER (Frédéric),
Né à Montbéliard, le 28 juin 1773 ;
Mort à Strasbourg, le 24 juillet 1838.
Naturaliste.

Le plus beau titre de Frédéric Cuvier est peut-être d'avoir été le frère de Georges ; mais quand on songeà l'amitié qui unit ces deux hommes, plus étroitement encore que les liens du sang, comment les séparer, eux que la mort ne sépara l'un de l'autre que pour quelques années ?

La distance qui devait exister entre les deux frères, se marqua dès les premières années. Georges avait brillé dans les études du collége, Frédéric n'y trouva que de l'ennui, et abandonna le collége pour se mettre en apprentissage chez un horloger. Son instinct le portait vers la mécanique ; mais son frère au milieu de ses premiers triomphes ne l'avait pas oublié, et dès que sa position sembla assurée, il l'appela près de lui (1797).

La gloire naissante de Georges rayonnait sur lui ; il voulut s'en montrer digne. Il se mit à refaire son éducation ; il suivit avec ardeur les cours publics de sciences ; et bientôt, en rangeant méthodiquement avec son frère les squelettes qui composaient le cabinet d'anatomie comparée, il devint naturaliste.

En 1804, il fut chargé de la direction immédiate de la ménagerie du Muséum. Cette place ne fut pas pour lui une sinécure, et il en profita pour étudier les instincts et l'intelligence des animaux. Il établit les limites qui se trouvent entre l'instinct et l'intelligence, entre l'intelligence de l'homme et celle des animaux, entre l'intelligence de telle espèce et celle de telle autre. Dans les travaux qu'il continua pendant trente ans sur cet intéressant sujet, rien d'hypothétique. Il raconte ce qu'il a vu. Aussi le livre qui contient ses observations contraste singulièrement avec Buffon ; l'illustre écrivain ne s'inquiète guère que de la composition artistique de ses portraits ; Frédéric Cuvier, scrupuleux observateur, ne prête pas aux animaux les instincts ou l'intelligence de l'homme ; il marque à chacun la part que lui a assignée la nature.

Inspecteur d'Académie en 1810, il fut nommé inspecteur général de l'Université en 1820, et il travailla beaucoup avec son frère à répandre l'enseignement de l'histoire naturelle dans les colléges. En 1837, il sortit de la position modeste que depuis si longtemps il avait conservée au Jardin du Roi pour y occuper une chaire de professeur. Mais il ne put en jouir ; quelques mois après, comme son frère, il fut enlevé en peu de jours par une maladie foudroyante, au milieu de sa tournée d'inspecteur. Il avait conservé également la même pénétration d'observation, la même fermeté. Il était membre de l'Académie des sciences, et de la Société royale de Londres.

Ses principaux ouvrages sont :

Des dents des mammifères considérées comme caractères zoologiques. 1825.

Histoire naturelle des mammifères. 1818 à 1837.

Histoire naturelle des cétacés. 1836.

Nombreux articles dans le DICTIONNAIRE DES SCIENCES NATURELLES ; plusieurs mémoires dans les Annales du Muséum, vol. VIII, XI, XII, XIV, XVI, XVII, et dans les Mémoires du Muséum, IV, IX, X, XI, XIII, XVI.

DALECHAMPS (JACQUES),

Né à Caën en 1513 ;

Mort à Lyon (Rhône) en 1588.

Médecin, botaniste.

Il fut reçu docteur en médecine à Montpellier, et vint en 1552 à Lyon, où il pratiqua jusqu'à l'époque de sa mort. Il y jouit d'une haute réputation. Ses occupations médicales l'empêchèrent même de donner tous ses soins aux ouvrages de botanique qu'il avait entrepris. Très versé dans l'étude des langues anciennes, il montra beaucoup de sagacité à déterminer les plantes décrites par les Grecs et les Romains.

Voulant réunir dans un seul ouvrage les connaissances acquises jusqu'alors en botanique, et y ajouter les observations qu'il avait faites, il rassembla un assez bon nombre de plantes qu'il fit graver, et s'associa dans ce travail J. Bauhin, qui, pour motif de religion, fut bientôt obligé de quitter Lyon. Plus tard, un nommé Desmoulins, médecin de Lyon, fut chargé de mettre en ordre ces matériaux; mais il le fit d'une manière confuse, et l'ouvrage, sans porter le nom de Dalechamps, parut sous ce titre :

Historia generalis plantarum in libros XVIII *per certas classes artificiosè digesta,* 2 vol. in-fol., 1586.

Cette histoire fut attaquée violemment par les deux Bauhin; plus tard Desmoulins en publia une traduction française, où il fit quelques-unes des corrections qui avaient été indiquées. Lyon, 1615.

On a encore de Dalechamps une édition estimée de Pline. Lyon, 1587, in-fol.

DAUBENTON (Louis-Jean-Marie),
Né à Montbard en Bourgogne, le 29 mai 1716;
Mort le 1er janvier 1800.
Naturaliste.

Destiné par son père à l'état ecclésiastique, il préféra les études médicales et s'appliqua spécialement à l'anatomie. Buffon, son compatriote, ayant été nommé intendant du Jardin du Roi, l'attira près de lui en 1742, et lui fit donner, en 1746, la place de garde et démonstrateur du cabinet d'histoire naturelle. Son caractère était complétement l'opposé de celui de Buffon; tous deux n'avaient de commun que l'amour pour les sciences naturelles. Daubenton, esprit timide, positif, grand investigateur des faits, peu soucieux de l'expression, se concentrait dans l'examen minutieux des détails, et loin de s'abandonner à la moindre théorie, n'osait même pas tirer les conséquences nécessaires des observations qu'il avait faites avec une rare sagacité. Ses travaux journaliers ne l'empéchaient pas de veiller aux collections qu'il ordonna avec le plus grand soin. Il obtint qu'une des chaires de médecine du collége de France fût convertie en chaire d'histoire naturelle, et le premier il y professa cette science en 1778.

La Convention ayant érigé le Jardin du Roi en Muséum d'histoire naturelle, il y fut nommé professeur de minéralogie. Il fut aussi membre de l'Académie des sciences et professeur d'économie rurale à l'école d'Alfort.

Vers la fin de 1799, il fut élu membre du sénat; mais il ne jouit pas longtemps de cette dignité qui s'accordait peu avec ses habitudes de vie, simples et uniformes. A l'une des premières séances, il fut frappé d'apoplexie et mourut quatre jours après.

C'est lui qui a fourni les articles de descriptions et d'anatomie aux quinze premiers volumes de l'*Histoire naturelle de Buffon;* une grande partie des animaux vertébrés dans l'*Encyclopédie méthodique;* et de nombreux mémoires dans le recueil de l'Académie des sciences dont les principaux sont:

Mémoire sur les Musaraignes (1756); sur les chauvesouris (1759); sur la situation du trou occipital dans l'homme et les animaux (1772); sur l'animal qui porte le musc (id.); observation sur la disposition de la trachée-artère de différentes espèces d'oiseaux (id.); observation sur le grand os qui a été trouvé en terre dans Paris, et sur la conformation des os de la tête des cétacés (1782).

Instruction pour les bergers et les propriétaires de troupeaux, avec d'autres ouvrages sur les moutons et les laines (1782). Paris, in-8°.

Mémoire sur le premier drap de laine superfin du cru de la France, 1784, in-8°. Daubenton a beaucoup contribué à propager en France les moutons de race espagnole.

Tableau méthodique des minéraux, suivant leurs différentes natures, et avec des caractères distinctifs, apparens ou faciles à reconnaître, 1784, in-8°.

DAUDIN (François-Marie),
Né à Paris en 1774 ;
Mort en 1804.
Naturaliste.

Ayant perdu de bonne heure en grande partie l'usage de ses jambes, il chercha une consolation à ses infirmités dans l'étude de l'histoire naturelle. Malheureusement il se hâta d'écrire avant qu'il eût pu observer suffisamment, et il n'a guère publié que des compilations. Tel est son *Traité d'Ornithologie*, 1799-1800, qui devait avoir six volumes et dont deux seulement ont paru.

Son *Histoire naturelle des reptiles*, faisant suite à l'édition de Buffon, par Sonnini, sans avoir rien d'original, est un ouvrage fort étendu sur ce sujet intéressant, et mérite d'être consultée. 8 vol. in-8°, 1802, 1803, avec beaucoup de figures.

Histoire naturelle des rainettes, des grenouilles et des crapauds, 1803 ; recueil de figures enluminées.

Tableau des divisions, sous-divisions, ordres et genres des mammifères et oiseaux, d'après la méthode de Lacépède, etc. Paris, 1802, in-18.

Il a fourni différens articles dans les deux premiers volumes des Annales du Muséum d'histoire naturelle.

DE CANDOLLE (Augustin-Pyrame),
Né à Genève, le 4 février 1778 ;
Mort le 9 septembre 1841.
Botaniste.

Descendant d'une famille de Français réfugiés à Genève, et dont plusieurs membres se rendirent dignes d'occuper les premières places dans leur patrie adoptive, le jeune de Candolle, faible et maladif, fut élevé par une mère distinguée. Aussi, de bonne heure, son intelligence fut-elle développée ; mais elle se tournait plutôt vers la poésie que vers les sciences. Il fallut que l'isolement et de nouvelles sensations vinssent éveiller en cette nature impressionnable la vocation qui sommeillait. A l'approche de l'invasion de la Suisse en 1792 par les armées françaises, il fut obligé de chercher avec sa famille un asile sur les bords du lac de Neufchâtel. Des sites nouveaux, l'absence des sociétés qu'amusait son imagination précoce, le poussèrent à des promenades auxquelles il n'était pas accoutumé ; dans ces promenades, une magnifique végétation attira ses regards, et dès lors sa passion pour la botanique se développa dans toute son énergie. Quelques années plus tard, Dolomieu, visitant ces contrées, encouragea le jeune naturaliste, et lui fit comprendre la nécessité de venir à Paris. De Candolle partit, sous prétexte d'étudier la médecine ; mais les premières études de cette science l'eurent bientôt rebuté, et le jardin botanique lui fit oublier les amphithéâtres. C'est là que son assiduité le fit remarquer de Desfontaines qui le mit en rapport avec le peintre Redouté. Celui-ci avait fait une collection de dessins de plantes grasses ; de Candolle, âgé de vingt ans, en fit la description. Ce livre avait commencé sa réputation; son travail sur l'influence que la lumière exerce sur les plantes eut un tel retentissement, que l'Académie, quoiqu'il n'eût que vingt-deux ans, l'inscrivit sur la liste de ses candidats, et que Lamarck lui confia une nouvelle édition de la Flore française. Cet ouvrage lui demanda plusieurs années de travail; car la France, à cette époque, était bien grande; et ce n'était point dans les livres, c'était dans la nature, au sommet des montagnes les plus abruptes, au fond des précipices qu'il cherchait ses descriptions. Toutefois des succès aussi brillans ne lui assurèrent point à l'Institut la succession d'Adanson à laquelle il avait tant de droits. On lui offrit la chaire de botanique à l'école de Montpellier; il accepta. Les leçons qu'il y fit et qu'il a résumées dans ses ouvrages théoriques, lui donnèrent une immense renommée. De Candolle fut doyen de la Faculté des sciences de Montpellier. Pendant les cent jours, il fut nommé recteur de l'Académie. La seconde restauration survint, et l'esprit réactionnaire qui y présidait n'épargna pas les plus hauts talens; le recteur fut destitué brutalement; il eut le tort de se venger de la France; il la quitta et retourna à Genève. Là on se hâta de fonder pour lui une chaire d'histoire naturelle et de créer un jardin botanique. L'enseignement du professeur ne tarda pas à jeter sur Genève un vif éclat. Toute sa vie, dès lors, fut consacrée à faire le dénombrement de *cette armée immense* de plantes connues, multitude qui s'accroissait chaque jour. En effet, en 1817, De Candolle comptait déjà cinquante-sept mille espèces; en 1840, il en portait le nombre à quatrevingt mille. Pour lui, il avait établi plus de sept mille espèces nouvelles, et près de cinq cents genres nouveaux. L'histoire de ces plantes devait être d'abord

consignée dans l'ouvrage intitulé : *Regni vegetabilis systema naturale;* recommencée sous une forme plus abrégée
Prodromus systematis, etc. Elle n'en a pas moins dû prendre d'immenses proportions. A la mort de de Candolle,
sept volumes avaient paru. M. de Candolle fils a entrepris de continuer cette œuvre, et déjà a publié le hui-
tième volume. Il remplit ainsi le dernier vœu de son
père mourant.

De Candolle appartint à toutes les académies savantes du monde. Il fut un des huit associés étrangers de
l'Académie des sciences.

Sa conversation était vive, spirituelle ; son caractère
aimable provoquait les amitiés ; son âme douce et sensible savait les conserver. Il a laissé sur sa vie des mémoires qui font estimer l'homme, comme ses ouvrages
font admirer le savant.

Il est le seul homme, depuis Linné, qui ait embrassé
avec un égal génie toutes les parties de la botanique ;
il eut l'avantage sur lui de pouvoir donner à cette
science une étendue bien plus considérable, de pénétrer
plus intimement dans l'organisation des êtres, et de se
préoccuper plus des rapports naturels que des rappro-
chemens ingénieux, mais artificiels.

Ouvrages principaux :
Histoire des plantes grasses, avec figures par Redouté, 24
magnifiques livraisons, 1799 à 1803.

*Expériences relatives à l'influence de la lumière sur quelques
végétaux,* 1800. (Voir les mémoires des savans étrangers de
l'Institut, vol. 1.

Astragalogia. Paris, 1802, avec 50 planches.

*Essai sur les propriétés médicales des plantes comparées avec
leurs formes extérieures et leur classification naturelle.* 1804, thèse.

Essai élémentaire de géographie botanique. Paris, 1821,
in-8° (extrait du Dictionnaire des Sciences naturelles).

La *Flore française*, ou Description de toutes les plantes qui croissent naturellement en France, disposée selon une nouvelle méthode d'analyse, etc. 3ᵉ édition, 1803-1815, 6 vol. in-8°.

Théorie élémentaire de la botanique, 1 vol. in-8°, 2ᵉ édition. Paris, 1819.

Mémoires sur la famille des Légumineuses. Paris, 1825, in-4°, avec 70 planches.

Organographie végétale, ou Description raisonnée des organes des plantes, etc. 1827, 2 vol. in-8° avec pl.

Regni vegetabilis systema naturale ; sive Ordines, genera, et species plantarum secundum methodi naturalis normas digestarum et descriptarum. 1818-1821, 2 vol. in-8°.

Prodromus systematis naturalis regni vegetabilis, sive Enumeratio contracta ordinum, generum specierumque plantarum hùc usque cognitarum, juxta methodi naturalis normas digesta. 1824 à 1839, 7 volumes continués par M. de C. fils.

Recueil de mémoires sur la botanique, etc., 1 vol. in-4°. Paris, 1813 avec 54 pl.

Collection des mémoires pour servir à l'histoire du règne végétal, en 10 liv. in-4°. Paris, 1828-38.

Un grand nombre d'articles dans le Dictionnaire des Sciences naturelles; et de *mémoires* de 1798 à 1826 dans les publications suivantes :

Bulletins de la Société philomathique, 1798, 1799, 1800, 1801, 1802, 1803, 1804, 1808.

Journal de Physique, vol. 47, 48, 52, 54.

Mémoires de la Société d'agriculture, vol. 5, 10, 11, 12, 13, 14, 15.

Annales du Muséum d'histoire naturelle de Paris, vol. 2, 9, 10, 15, 16, 17, 19.

Mémoires de la Société d'Arcueil, vol. 2, 3.

Mémoires du Muséum d'histoire naturelle, vol. 2, 3, 7, 9, 10, 17.

Bibliothèque universelle de Genève, 6, 7, 29, 36, 40, 41, 42, 45, 47, 48, 49, 52, 55, 58.

Bibliothèque universelle d'Agriculture, vol. 7, 10.

Mémoires de la Société de physique et d'histoire naturell
de Genève, vol. 1, 2, 3, 4, 5, 6, 7, 9.

Annales des Sciences naturelles, 1, 4, 7.

DELALANDE (Pierre-Antoine),
Né à Versailles, le 27 mars 1787 ;
Mort à Paris, le 27 juillet 1823.
Voyageur naturaliste.

Enlevé par une mort prématurée, il n'a pu composer
aucun ouvrage de quelque importance ; mais nous devons signaler ici son nom, car il est mort victime de
son dévouement à la science. Il voyagea, par ordre du
gouvernement, dans le midi de l'Europe, au Brésil, en
Afrique, et rassembla de nombreuses collections
qui contribuèrent à enrichir le Muséum. Les fatigues
qu'il éprouva pendant son voyage dans le sud de l'A-
frique, altérèrent profondément sa santé, et il mourut
deux ans après son retour, sans avoir eu le temps de
mettre en ordre les notes qu'il avait recueillies.

On n'a de lui que :

Précis d'un voyage au cap de Bonne-Espérance. Paris,
1822, in-4°.

DELAUNAY (Louis),
Né vers 1740, dans les Pays-Bas ;
On ignore l'époque de sa mort; il vivait encore en 1805.
Minéralogiste.

Il fut avocat à la cour de Bruxelles ; mais il paraît
s'être beaucoup plus occupé de sciences que de droit.
En 1776, il fut reçu membre de l'académie de cette ville.

Il a publié :

Essai sur l'histoire naturelle des roches. Bruxelles, 1786, in-4°.

Son principal ouvrage est :

Minéralogie des anciens, ou exposé des substances du régne minéral connues dans l'antiquité. Bruxelles, 1803, 2 vol. in-8º.

En outre plusieurs *Mémoires* dans l'ancien recueil de l'Académie de Bruxelles, Tom. 11 : — *Sur l'origine des fossiles accidentels des provinces belgiques*, précédé d'un discours sur la théorie de la terre. L'auteur y établit par diverses preuves que la surface actuelle du globe ne date pas d'une époque aussi éloignée que le pensaient alors les géologues.

Tome V. *Sur les cristallisations d'eau ou les cristaux de glace.* — *Sur quelques substances minérales cristallisées par retrait.* — *Distribution systématique des productions du règne animal.*

Lettre sur la tourmaline du Tyrol (Journal de Physique de l'abbé Rozier, tom. 15, p. 182).

DELUC (Jean-André),
Né à Genève en 1727 ;
Mort à Windsor (Angleterre) en 1817 ;
Physicien, géologue.

Fils d'un négociant de Genève, il renonça de bonne heure au commerce pour s'adonner uniquement aux sciences, et prit un rang distingué parmi les physiciens par ses travaux sur l'hygrométrie, le thermomètre et la météorologie, et en imaginant le baromètre portatif. Cette dernière invention lui fut suggérée par l'embarras qu'il avait souvent éprouvé, de transporter le baromètre ordinaire dans ses excursions géologiques, et par le peu de précision que présentait cet instrument pour la mensuration des hauteurs. C'est ainsi que ses recherches sur la physique proprement dite, se liaient à ses observations sur le règne minéral, dont l'étude lui était plus que toute autre attrayante ; c'est lui qui fonda le cabinet minéralogique, futur ornement de sa ville natale. A l'âge de dix-sept ans, accompagné de son frère, qui n'en avait que quinze, et qui l'aida constamment dans ses travaux, il commença, dans les montagnes de la Suisse, ses voyages d'observation géologique. Après avoir longtemps exploré la Suisse et la Savoie, escaladé des glaciers que l'homme n'avait jamais atteints, il visita l'Allemagne, le nord de l'Europe, les différens comtés de l'Angleterre. Dans ce dernier royaume, la reine Sophie-Charlotte l'accueillit avec une grande faveur, et lui accorda un logement au château de Windsor pour y faire ses expériences. Son nom était alors répandu dans toute l'Europe ; aussi l'université de Gœttingue créa pour lui une chaire de géologie, qu'elle lui offrit (1797). Deluc accepta, mais comme titre honorifique ; car l'ignorance de la langue allemande l'empêchait de faire son cours. Cependant, l'âge n'avait ralenti ni son ardeur pour le travail, ni son amour des voyages ; mais il aimait de temps en temps à se reposer dans le calme de la royale demeure de Windsor, et c'est là qu'il termina sa carrière, à l'âge de 90 ans.

Comme géologue, Deluc est celui qui, avec Dolomieu, a établi l'opinion adoptée depuis par Cuvier, que la dernière révolution subie par le globe, ne remonte pas au delà de cinq ou six mille ans.

Ses ouvrages sont nombreux ; voici la liste de ceux qui se rapportent à l'histoire naturelle :

Lettres physiques et morales sur les montagnes et sur l'histoire de la terre et de l'homme. La Haye, 1778, 1780, 6 vol. in-8°. Paris, 1798, in-8°.

Lettres sur quelques parties de la Suisse. Londres et Paris, 1787, in-8°.

Lettres à Blumenbach sur l'histoire physique de la terre.

Abrégé des principes et des faits concernant la cosmologie et la géologie. Brunswick, 1802, in-8°.

Voyage géologique dans le nord de l'Europe. Londres, 1810, 3 vol. in-8°.

Voyage géologique en Angleterre. Londres, 1811, 2 vol. in-8°.

Voyages géologiques en France, en Suisse et en Allemagne, Londres, 1813, 2 vol. in-8°.

Abrégé de Géologie. Paris, 1816, in-8°.

DESFONTAINES (Réné-Louiche),
Né vers 1751 ou 1752 à Tremblay (Ille-et-Vilaine);
Mort à Paris, le 16 novembre 1833.
Botaniste.

Né de parens pauvres, il fut envoyé à l'école du village; mais il n'y fit aucun progrès, et le maître le renvoya comme incapable, en lui prédisant un fâcheux avenir. Desfontaines, malgré la bonté de son naturel, ne pardonna jamais ce fâcheux horoscope, et s'en vengea avec malice. A chacun de ses nouveaux succès, il ne manquait jamais d'en informer son ancien maître. La médecine qu'il étudia ne fut pour lui qu'un prétexte pour se livrer avec ardeur à l'herborisation et à l'étude des plantes. Les premiers travaux qu'il publia furent assez importans pour lui mériter, en 1783, une place à l'Académie des sciences. Cette position ne fut pour lui qu'un encouragement à poursuivre ses travaux. Secondé par Lemonnier, médecin du roi, il obtint du gouvernement les fonds nécessaires pour entreprendre un voyage en Barbarie; il y séjourna deux ans, explorant, non seulement le littoral, mais encore parcourant les diverses chaînes de l'Atlas, jusqu'à son versant méridional. Il en revint avec un herbier considérable et une découverte importante; il venait en effet de reconnaître la différence de structure qui existe entre les plantes monocotylédonées et les dicotylédonées. La chaire de botanique au Jardin du Roi était le but de tous ses désirs; Buffon la lui donna, et jamais homme ne dévoua plus que lui son existence à la charge dont il était revêtu. Qui ne se rappelle ces leçons, que plusieurs générations ont pu entendre, ces leçons, faites avec tant de bonhomie et une complaisance sans bornes pour ses élèves? le temps que lui laissait la préparation de son cours, il l'employait à mettre en ordre les collections, à rectifier l'ordre du jardin botanique, à en surveiller la culture, à constater de nouvelles espèces; le Jardin des Plantes était comme son domaine, et il n'en sortait guère; c'est là qu'au milieu de la tourmente révolutionnaire, il s'était tenu à l'abri; et cependant ce caractère, naturellement timide, avait, à cette époque, deux fois montré une énergie qu'on n'aurait pas soupçonnée, celle que donne une bonne conscience, et l'amour du prochain. Il n'avait pas craint de visiter, dans sa prison, le géologue Ramond, et d'affronter les terribles puissances du moment pour leur arracher la délivrance du botaniste L'héritier.

Les deux dernières années de sa vie, il avait perdu la vue; mais toujours passionné pour ses chères plantes, il se faisait conduire dans les serres, et cherchait à les reconnaître au toucher.

Les principaux ouvrages qu'il a laissés sont :

Flora atlantica. Paris, 1798, 2 vol. in-4°, 263 pl.

Cours de botanique élémentaire et de physique végétale, 1796.

Tableau de l'école botanique du Muséum d'histoire naturelle, 1804, in-8°. 2e édition. Paris, 1815, in-8°.

Choix de plantes du corollaire de Tournefort, 1808, in-4°.

Histoire des arbres et des arbustes qui peuvent être cultivés en pleine terre sur le sol de la France, 1809, 2 vol. in-8°.

Et beaucoup de mémoires dans les Mémoires de l'Académie des sciences; le Journal de Physique; les Annales du Musée; le Journal des Savans, etc.

DICKSON (JEAN),
Né en Écosse (l'époque de sa naissance est inconnue) ;
Mort à Londres en 1822.
Botaniste.

Il commença par être journalier au service d'un pépiniériste. A force de travail, il devint lui-même jardinier. Tout en se livrant à la partie matérielle de sa profession, il cherchait à acquérir les connaissances scientifiques. Banks, qui l'avait distingué, lui ouvrit sa riche bibliothèque. Il a beaucoup contribué à éclairer l'étude des végétaux cryptogames, et il en a décrit plus de quatre cents espèces inconnues avant lui.

Plantarum cryptogamicarum Britanniæ, 4 *fascic.*, 1785-1801.

Collection de plantes diverses, 17 fascic. 1789-1799.

Divers articles dans les Transactions de la Société linnéenne.

DILLEN (JEAN-JACQUES), connu sous le nom de DILLENIUS,
Né à Darmstadt en 1687 ;
Mort à Oxford (Angleterre) en 1747.
Médecin, botaniste.

Reçu docteur en médecine à l'université de Giessen, il se fit connaître de bonne heure par quelques travaux sur la botanique, et particulièrement sur les plantes qui offrent les organes les moins apparens; il joignait à ses publications des planches dessinées et gravées par lui, qui rachetaient par la fidélité des détails, ce qui pouvait leur manquer du côté de l'art. Cependant,

Dillen, qui n'avait qu'une position précaire, écouta les propositions de Guillaume Sherard, riche Anglais, amateur passionné de botanique, et passa en Angleterre en 1721. C'est le magnifique jardin de Jacques Sherard, frère de Guillaume, qu'il a décrit sous le nom de *Jardin d'Eltham.* D'un caractère modeste, tout entier au travail, Dillen vécut dans la retraite, et entretint une correspondance avec Hales. On peut lui reprocher de n'avoir pas su apprécier Tournefort, ni deviner Linné qui se présenta chez lui sur la recommandation de Boerhaave. Il prit, vers la fin de sa vie, un embonpoint excessif, et mourut d'une attaque d'apoplexie.

On a de lui :

Catalogus plantarum circa Giessam nascentium, 1719, in-8°.

Synopsis plantarum Angliæ, 1724, in-8°.

Hortus elthamensis, 1732. Ouvrage remarquable, et par les planches et par l'exactitude des descriptions.

Historia muscorum, 2ᵉ édition, 1768. La première édition fut engloutie avec le vaisseau qui la transportait en Hollande. C'est l'ouvrage capital de l'auteur, et il mérite encore d'être consulté par tous ceux qui s'occupent des cryptogames, autant pour l'étendue et la fidélité du texte, que pour la perfection de détail donnée par l'auteur aux gravures.

DIOSCORIDES (PEDANIUS),

Né à Cæsaræa-Augusta (Anazarbe) en Cilicie ;
Vécut vers le commencement de l'ère chrétienne.
Médecin, botaniste.

Il fait connaître lui-même, qu'entraîné dès sa jeunesse par le désir de s'instruire, il parcourut l'Asie-Mineure, la Grèce, l'Italie et la Gaule Narbonnaise. L'ouvrage en cinq livres qui nous reste de lui, traite *de la Matière médicale.* Comme la botanique y tient le rang le plus important, l'auteur est habituellement rangé parmi les botanistes. Cependant, il faut convenir que la botanique y est traitée avec peu de méthode, souvent d'une manière confuse, et que les propriétés vraies ou supposées des plantes y tiennent la plus grande place. Cet ouvrage n'en a pas moins été le fondement de la botanique ; et la nomenclature actuelle s'y retrouve en grande partie. Les auteurs de la renaissance, et particulièrement Matthiole, Fuchs, Tragus, firent de grands et vains efforts pour déterminer les plantes signalées plutôt que décrites par Dioscorides. Les auteurs plus récens se sont mis plus à l'aise, ils ont appliqué les noms qui s'y rencontrent, sans trop s'inquiéter de l'identité. Ainsi, Tournefort assure que sur les six cents plantes dont parle Dioscorides, et les quatre cents de plus qu'on trouve dans Théophraste, on peut à peine en reconnaître cent avec certitude. Linné a transporté certains noms, celui de *strychnos*, par exemple, à des plantes de l'Inde et de l'Amérique.

Une des meilleures éditions, la *Matière médicale*, est celle de Goupil. Paris, 1549, in-8°.

On peut consulter, au sujet de la concordance des noms : Sibthorp, Flora græca ; et Sprengel, Historia rei herbariæ, 1807, 2 vol. in-fol.

DOLOMIEU (Déodat-Gui-Sylvain-Tancrède, de **GRATET** de)
Né à Dolomieu (Dauphiné), le 24 juin 1750 ;
Mort à Châteauneuf (Saône-et-Loire), le 26 novembre 1801.
Géologiste et minéralogiste.

Admis dans l'ordre de Malte dès sa naissance, il paraissait ne devoir remplir d'autre carrière que celle des armes, lorsque, pendant son noviciat, un duel, où il eut le malheur de tuer son adversaire, le fit mettre en prison. Neuf mois de solitude développèrent chez lui le goût des sciences. Plus tard, les leçons d'un professeur de Metz, le physicien Thirion, imprimèrent une puissante direction à ses études ; et l'amitié du duc de la Rochefoucauld lui fit bientôt obtenir le titre de membre correspondant de l'Académie des sciences. Dès lors, Dolomieu s'adonna tout entier à l'étude de la constitution du globe. Dans ce but, il parcourut le Portugal, la Sicile et les îles qui l'environnent, le territoire de Naples, la Calabre, les Pyrénées et les Alpes. Dans ces voyages, souvent périlleux, car c'étaient les parties les plus abruptes des montagnes, les pics les plus élevés, les précipices les plus profonds qu'il visitait surtout, on le voyait constamment braver les fatigues, encourager ses compagnons. Cependant, ses relations avec son ordre étaient devenues peu amicales. L'envie qu'inspirait sa réputation, peut-être la direction de ses études, lui avaient suscité de nombreux ennemis. Une dernière circonstance vint mettre le comble à ces inimitiés. Dolomieu, pendant la terreur, n'avait pas émigré ; toutefois, pour se soustraire aux troubles politiques, il avait parcouru la France le marteau à la main et le sac sur le dos. En 1796, il avait été nommé professeur à l'école des mines. L'année suivante, il fut appelé à faire partie de la commission scientifique qui allait suivre Napoléon en Égypte; mais le vaisseau qui le portait s'arrêta avec le reste de la flotte devant Malte. L'île fut bientôt au pouvoir de la république française, et Dolomieu, qui avait cherché inutilement à sauver les membres de son ordre par une négociation, se vit signalé dans toute l'Europe par les émigrés, comme un traître et un parjure : il ressentit bientôt l'effet de leur vengeance. Le vaisseau qui le ramenait, d'Égypte où il n'avait fait qu'un court séjour, ayant été poussé vers les côtes d'Italie, il fut séparé de ses compagnons d'infortune et jeté dans un cachot. Pendant vingt-un mois, il y subit le traitement le plus indigne ; son courage ne se démentit point, et l'étude vint le consoler. On lui avait ravi ses livres, mais il conservait ses souvenirs. On le privait de papier, de plumes et d'encre ; les marges de trois volumes, soustraits à la perquisition de ses geôliers, un morceau de bois et la fumée de sa lampe, remplacent ce qui lui manque ; c'est ainsi qu'il compose son traité de philosophie minéralogique et plusieurs autres mémoires.

La France, au moins, n'oublia point l'illustre captif. Il fut nommé professeur de minéralogie au muséum d'histoire naturelle, en remplacement de Daubenton, qui venait de mourir ; et un des articles du traité que la république fit avec Naples, lui fit obtenir la liberté, en 1799 ; mais il n'en jouit pas longtemps. Il ne fit qu'un seul cours, qui attira un grand nombre d'auditeurs ; l'année suivante, il fut enlevé par une courte maladie.

On a de lui :

Voyage aux îles de Lipari, etc. Paris, 1783, in-8°.

Mémoires sur les îles Ponces, et catalogue raisonné des produits de l'Etna. Vol. in-8., 1788.

Dans le Journal de physique, de 1791 à 1794, plusieurs Mémoires où il soutient le peu d'ancienneté des continents.

Dans le Journal des mines, de 1793 à 1798, *Observations sur différentes mines*.

Mémoire sur la nécessité d'unir les connaissances chimiques à celles du minéralogiste.

Philosophie minéralogique. 1802, in-8.

M. de Lacépède lut son éloge historique à l'Institut, le 6 juillet 1802.

DOMAIRY ou **DEMIRI** (Kemal-Eddin-Aboulbaca-Mohammed),
Mort en 1405 (l'an 808 de l'hégire).
Naturaliste arabe.

Il composa une *Histoire des animaux* très connue en Orient. Bochard en a fait un grand usage dans son *hierozoïcon*. Cette histoire a été traduite et commentée en persan; la Bibliothèque de l'arsenal à Paris possède un superbe exemplaire de cette traduction, enrichi de peintures.

DOMBEY (Joseph),
Né à Mâcon (Saône et Loire) le 22 février 1742;
Mort à Montserrat (Petites Antilles) en 1793.
Médecin, naturaliste voyageur.

Né de parens pauvres, il parvint, à force de persévérance et avec les secours de quelques personnes qui s'étaient intéressées à lui, à se faire recevoir docteur en médecine. Ce ne fut pour lui qu'un titre. La passion de la botanique l'entraînait vers les voyages. Après de nombreuses excursions dans le midi de la France, le Jura, les Alpes, la Suisse, il fut proposé, en 1776, par de Condorcet et de Jussieu au ministre Turgot, pour être envoyé dans le Pérou, avec la mission de rechercher les végétaux de l'Amérique espagnole qui pouvaient se naturaliser en France. Ce voyage exigeait l'assentiment du gouvernement espagnol. Celui-ci lui suscita mille embarras. D'abord, on lui adjoignit deux botanistes espagnols; on ne lui permit pas de se servir des dessins originaux qu'il faisait faire. A son retour, on retint pour le roi d'Espagne la moitié des collections

qu'il rapportait ; et comme les botanistes qui lui avaient
été donnés pour compagnie ne devaient revenir que
dans quatre ans, on exigea de lui la promesse de ne
rien publier avant cette époque.

Cependant, les richesses scientifiques que pendant
un voyage de huit ans, soit dans le Pérou, soit dans le
Chili, il était parvenu à rassembler, étaient immenses.
Son herbier, déposé au muséum d'histoire naturelle,
renferme 1,500 plantes, dans lesquelles il y a soixante
genres nouveaux. Il avait envoyé, en outre, une grande
quantité de graines, des antiquités péruviennes, des
échantillons importans de minéralogie, quelques animaux inconnus. Il avait eu plus d'une fois dans ses
courses à signaler son courage, et avait donné plus
d'une preuve de la générosité qui lui était habituelle.
En 1782, il se trouvait à la Conception lors d'une maladie épidémique ; bien loin, comme on le lui conseillait,
de quitter la ville, il soigna les pauvres malades
gratuitement et leur fournit même, à ses frais, des
médicamens, des alimens, et jusqu'à des gardes.
Dégoûté par les nombreuses tracasseries auxquelles
il avait été en butte, Dombey, qui s'était échappé à
grand' peine de Madrid, avait l'intention de finir paisi-
blement sa vie chez un ami, au pied du Jura. La noblesse de son caractère lui fit refuser des offres faites par
des gouvernemens étrangers ; il se contentait de la pension que lui faisait le gouvernement français, et dont
il donnait la plus grande partie à sa famille et aux
pauvres.

Fùt-ce une nouvelle recrudescence de sa passion
pour les voyages qui le poussa à demander, en 1793,
une mission pour les États-Unis ? Le vaisseau qui le
portait fut, aux environs de la Guadeloupe, saisi par

des corsaires, et pour lui il périt misérablement dans un cachot. Ses observations ont été utilisées par Lhéritier à qui il les avait confiées. Ruiz et Pavon, ses compagnons de voyage, ont, dans leur *Flore péruvienne*, profité de ses travaux sans lui rendre justice.

On a de lui, dans le Journal de physique, une *lettre sur le salpêtre qui se trouve au* **Pérou** *et sur la phosphorescence de la mer*. On lui doit la découverte du cuivre muriaté.

DUHAMEL DU MONCEAU (Henri-Louis),

Né à Paris en 1700 ;
Mort dans la même ville, le 23 août 1782.
Naturaliste, agronome.

A peine sorti du collège, où il avait fait peu de progrès, il vint se loger près du Jardin des Plantes, et se lia avec le directeur Dufay et avec Bernard de Jussieu. Ses travaux le firent admettre, dès l'âge de vingt-huit ans, à l'Académie des sciences. Pendant plus de cinquante ans il ne cessa de fournir, à la collection de cette illustre société, un nombre de *Mémoires* qui monte à plus de soixante. Il partageait son temps entre Paris et sa terre du Gâtinais, où il séjournait une partie de l'année ; cependant, il occupait des places importantes qui l'entraînaient dans de fréquens voyages ; celle surtout d'inspecteur général de la marine, le forçait de visiter les principales forêts de France et les arsenaux. Il eut plusieurs collaborateurs, et particulièrement son frère Demainvilliers, qui habitait constamment la campagne, et suivait avec zèle et patience les observations indiquées par son frère. En effet Duhamel, malgré la multiplicité de ses travaux, s'adonnait peu aux compilations et aux spéculations du cabinet, et s'étayait surtout sur l'expérience.

Entouré d'une haute considération, il conserva toujours une modestie extrême, et ne se départit jamais du principe qu'il avait adopté, de ne parler que de ce qu'il avait étudié ; aussi était-il fort réservé dans les discussions scientifiques.

Ses principaux ouvrages sont :

Traité de la culture des terres. 6 vol. in-12, de 1751 à 1761.

Abrégé du même, sous le titre de : *Élémens d'agriculture.* 2 vol. in-12.

Traité des arbres et des arbustes qui se cultivent en France, en pleine terre. Paris, 1755, in-4.

Le Physique des arbres. Paris, 1738, 2 vol. in-4.

Traité des arbres fruitiers. 1768, 2 vol. in-4. Fig.

Plus de vingt parties de l'histoire détaillée des arts et métiers.

Parmi les Mémoires du recueil de l'Académie des sciences, on distingue :

Explication physique d'une maladie qui fait périr plusieurs plantes dans le Gatinais, et particulièrement le safran. 1728.

Mémoires sur la coloration des os des animaux nourris avec la garance. 1739-1742-1743 ;

Et sur la *Réunion des fractures des os des animaux.* 1741.

Observations botanico-météréologiques en Gâtinais, de 1740 à 1781.

Recherches sur la formation des couches ligneuses. 1751.

Sur l'insecte qui dévore les grains dans l'Angoumois. 1761.

Observations sur l'accroissement des cornes des animaux. 1751.

ELIEN (CLAUDE).

Né à Préneste (Palestrina), en Italie, vers l'an 220.

Naturaliste.

Il Vivait à Rome sous les règnes d'Heliogabale et d'Alexandre Sevère, et enseigna la rhétorique à Rome vers ce temps. Quoique latin d'origine, il cultiva la langue grecque avec assez de succès pour mériter le nom de sophiste, nom honorable à cette époque ; il n'a même écrit qu'en grec. Ce fut, si l'on en croit ce qu'il dit de lui-même, un vrai philosophe qui aimait à vivre retiré, et qui préférait à la richesse et aux honneurs de la cour la recherche de la vérité.

Nous ne le citons que, parce qu'au milieu de ses divers écrits, se trouve une *Histoire des animaux*, qui du reste ne paraît être qu'une compilation.

La meilleure édition est celle qui fut publiée par Schneider :

OEliani de naturâ animalium, lib. XVII, cum notis J. Gott. Schneider. Leipzig, 1784, in-8.

ELLIS (JEAN),

Né en Angleterre ;

Mort à Londres le 5 octobre 1776.

Négociant, naturaliste.

Au milieu des affaires de son commerce, il s'occupait en amateur d'histoire naturelle, lorsqu'ayant reçu une collection nombreuse de corallines, il se mit à les disposer avec ordre. Hales, son ami, lui conseilla d'étendre sa collection et de poursuivre ses recherches à ce sujet. On venait de découvrir que les coraux sont l'habitation de polypes ; il s'agissait d'étendre cette découverte à d'autres êtres regardés alors comme des plantes. C'est ce qu'entreprit Ellis avec beaucoup de persévérance. Dans ce but il fit plusieurs voyages sur les côtes d'Angleterre, accompagné de bons dessinateurs, et il adressa plusieurs mémoires à la société royale de Londres qui l'admit dans son sein.

Il s'occupa aussi des moyens de conserver aux graines leur faculté germinative, pour rendre plus sûr leur transport à de grandes distances.

On a de lui :

Essay toward a natural history of corallines. Lond., 1754, in-4, traduction française par Allamand. La Haye, 1756, in-4. Fig.

Directions for bringing over seeds and plants. In-4, fig. 1770.

An history account of coffee, with botanical description of the tree. Lond., 1774, in-4.

The natural history of many curious and uncommon zoophytes. Londres, 1786, in-4. Publié après la mort de l'auteur par les soins de Banks et Solander.

FABRICIUS (Jean-Chretien),
Né à Tundern (Danemarck), en 1742 ;
Mort à Copenhague en 1807.
Entomologiste.

A l'âge de 20 ans, il se rendit à Upsal pour suivre les cours de Linné et fut un des disciples les plus célèbres de cet illustre maître, auquel il garda toute sa vie une extrême reconnaissance. Mais quoiqu'il eût en botanique des connaissances fort étendues, ce fut surtout vers les insectes qu'il dirigea ses patientes investigations. Il conçut le projet de créer, à l'instar de ce que Linné avait fait pour la botanique, un système entomologique; le caractère fondamental de ce système, il le cherche dans la bouche des insectes. La première bouche d'insecte qu'il disséqua, dans ce but, fut celle d'un hanneton. Il montra sa dissection à Linné, qui l'encouragea à persévérer. Quelques années après, nommé professeur d'histoire naturelle à l'université de Kiel, il put donner un libre cours à ses études, et dès 1775, il fit paraître son système d'entomologie. Ces caractères de classification, quoique trop restreints, imprimaient cependant à l'étude des insectes, jusqu'alors confuse et mal définie, une marche réglée et uniforme. Aussi les ouvrages de Fabricius eurent-ils beaucoup de retentissement; du reste il travailla toute sa vie à propager son système, voyageant dans le nord et le centre de l'Europe, visitant les musées, cherchant et décrivant les insectes inédits. Mais plus le nombre des espèces augmentait, plus les caractères bornés qu'il avait choisis devenaient insuffisans; car sa classification devait présenter les mêmes inconvéniens que celle de Linné. Fabricius vit une multitude de jeunes observateurs s'attachant aux monographies, agrandir la voie qu'il avait tracée; il approuva leurs efforts, ne se montra point jaloux de leurs succès et supporta sans peine leurs critiques.

Fabricius aimait la France et il y faisait de fréquens voyages. Il se trouvait à Paris en 1807, lorsqu'il apprit le bombardement de Copenhague par les Anglais. Il voulut partir sur-le-champ et retourner près du roi de Danemarck qui l'aimait et l'avait nommé conseiller d'état. La fatigue d'un voyage précipité, les chagrins que lui causaient les malheurs de son pays, altérèrent sa robuste santé et il ne tarda pas à succomber.

On a de lui :

Systema entomologiæ. Flensburg. 1775, in-8.

Genera insectorum chilonii. Kiel. 1776, in-8.

Philosophia entomologica. Hambourg, in-8, 1778.

Species insectorum. 1781, 2 vol. in-8.

Entomologia systematica, Copenh., 1792 à 1796, 7 vol. in-8.

Supplementum entom. systemat. Copen., 1798.

Il voulait résumer tous les ouvrages précédens, en publiant successivement un *species* pour chaque classe d'insectes, et déjà il en avait publié quatre lorsque la mort le surprit.

En outre, plusieurs *Mémoires* insérés dans le Recueil des naturalistes de Berlin et dans le Nouveau magasin d'histoire naturelle.

FAUJAS DE SAINT-FOND (BARTHÉLEMY),

Né à Montélimart, le 17 mai 1741 ;

Mort le 26 juillet 1819, à Paris.

Géologue.

Pour complaire au vœu de son père, il s'était fait recevoir avocat à Grenoble et y était devenu président de la sénéchaussée. Mais ces occupations il ne les exerçait qu'à contre cœur, tandis que toutes ses pensées, toutes ses études étaient dirigées vers la minéralogie, et surtout vers les rapports qu'ont entre elles les diverses espèces minérales. Buffon avec lequel il était entré en correspondance, vers 1776, accueillit ses travaux avec une grande faveur, et l'appela bientôt au muséum où il entra en qualité d'adjoint naturaliste. Cette position, les indemnités qu'il reçut, lui permirent de faire de nombreuses excursions en France, en Angleterre, dans l'Irlande, l'Écosse et les Hébrides, où il visita la grotte de Staffa. Il parcourut également tous les points de l'Italie, de la Bohème, de l'Allemagne, de la Hollande, qui semblaient devoir fournir les résultats les plus avantageux à ses explorations. Il s'appliqua surtout à retrouver le plus grand nombre possible de fossiles, et à examiner la constitution des roches. A la fin de la révolution, il fut nommé professeur de géologie au muséum d'histoire naturelle.

Ce ne fut point un de ces hommes qui font époque dans les sciences, mais ce fut un observateur zélé, infatigable qui rassembla d'immenses matériaux pour constituer la science de la géologie, dont il fut comme le précurseur.

Ses principaux ouvrages sont :

Recherches sur les volcans éteints du Vivarais et du Vélay, etc. Paris, 1778, in-f°.

Histoire naturelle du Dauphiné. 1781, in-8.

Minéralogie des volcans, etc. 1784, in-8.

Essai sur l'histoire naturelle des roches de Trapp, etc. 1788, in-12.

Voyage en Angleterre, en Écosse, aux îles Hébrides. 1797, 2 vol. in-8.

Essai de géologie. 1808, 3 vol. in-8.

Un grand nombre de *Mémoires* dans les Annales et Mémoires du Muséum d'histoire naturelle (depuis l'année 1802 jusqu'à 1819).

FERUSSAC (Jean-Baptiste-Louis **D'AUDEBARD,** baron de),
Né lo 30 juin 1745, à Clérac ;
Mort en 1815, près Lauzerte (Tarn-et-Garonne).
Naturaliste.

Elève de l'École militaire, capitaine d'artillerie à l'époque de la révolution, lieutenant-colonel dans l'armée de l'émigration, il ne cessa de s'occuper de travaux de géologie. Mais il mérite surtout d'être mentionné pour son ouvrage sur les mollusques qui l'avait occupé pendant 3o ans, et auquel la mort l'empêcha de mettre la dernière main. Son fils, également naturaliste et fondateur du *Bulletin universel des sciences et de l'industrie*, a terminé l'ouvrage inachevé de son père.

Histoire naturelle, générale et particulière, des mollusques terrestres et fluviatiles, tant des espèces vivantes que des dépouilles fossiles de celles qui n'existent plus. 1813, 4 vol. in-4.

FONTANA (Felix),
Né le 15 avril 1730 à Pomarolo (Tyrol);
Mort à Florence, le 9 mars 1805.
Physicien, naturaliste.

Les travaux de Fontana ont eu plutôt pour objet les sciences physiques que l'histoire naturelle proprement dite. Il prit beaucoup de part aux recherches sur les gaz, suivant à ce sujet l'impulsion donnée par Cavendish, Priestley et Lavoisier, et c'est lui qui, le premier, employa dans l'eudiomètre le gaz nitreux pour absorber l'oxigène de l'air. Néanmoins comme un certain nombre de ses ouvrages se rapportent plus ou moins directement aux sciences naturelles, comme en sa qualité de physicien du grand-duc Pierre-Léopold, il organisa le beau cabinet de physique et d'histoire naturelle qui fait l'un des ornemens de Florence, nous devons ici mentionner son nom. Si ses expériences n'ont point toujours été marquées au coin de l'exactitude et de la précision, il s'y est souvent montré ingénieux.

Il fut un des premiers qui chercha à répandre parmi les gens du monde la connaissance de la structure du cops humain. A cet effet, il fit composer, d'après les dessins qu'il fournissait, des pièces en cire coloriée représentant en grand détail tous nos organes. Cette nouveauté lui valut peut-être plus de célébrité que tous ses autres travaux. Il avait même entrepris, sur la fin de sa vie, de faire construire une statue en bois dont toutes les pièces, se détachant les unes des autres, pouvaient fournir une dissection artificielle ; c'est cette idée que M. le docteur Auzoux en employant d'autres matériaux a realisée depuis avec tant de perfection.

Il a publié :

Ricerche filosofiche sopra la fisica animale. Florence, 1775, in-4.

Il s'y occupe beaucoup de l'irritabilité animale, selon les principes d'Haller. On trouve aussi, dans le troisième volume des Mémoires de celui-ci, des lettres qu'auparavant Fontana avait publiées sur le même sujet.

Ricerche fisiche sopra'l veleno della vipera. Luques, in-8.

Le même Traité, plus développé, en français. Florence, 1781, 2 vol. in-4.

Son dernier ouvrage est intitulé : *Principes raisonnés sur la génération,*

FUCHS (Léonard),
Né en 1501, à Wembdingen (Bavière) ;
Mort à Tubingue, en 1566.
Médecin, botaniste.

C'est un des hommes du seizième siècle qui ont fait le plus d'efforts pour dissiper l'obscurité qu'avaient répandue dans les sciences les médecins arabes, et pour ramener à l'étude des livres plus méthodiques laissés par les Grecs. Nous n'avons point à examiner les travaux du médecin qui exerça sa profession avec honneur. Professeur à Ingolstat, il en fut expulsé par les catholiques, comme partisan des doctrines de

Luther et fut accueilli à Tubingue dont il fit la gloire pendant trente-cinq ans. Anobli par l'empereur Charles-Quint, il refusa une chaire beaucoup plus avantageuse à l'université de Pise, pour ne point abandonner la ville qui l'avait adopté.

Fuchs s'est attaché à faire connaître avec exactitude les plantes usitées en médecine ; il a éclairci l'histoire de celles qui avaient été connues des Grecs, et en a décrit de nouvelles. C'est lui qui le premier donna de bons caractères de la digitale pourprée et lui imposa le nom qu'elle porte encore.

L'ouvrage qui le place parmi les naturalistes célèbres est :

De Historiâ stirpium commentarii insignes, maximis impensis et vigiliis elaborati, adjectis earumdem vivis plus quàm quingentis imaginibus, nunquam anteà ad naturæ imitationem artificiosius efficits et expressis. Bâle, 1542, in-fol., fig.

FUESSLI (GASPARD),

Né à Zurich (Suisse) en 1745 ;

Mort en 1786.

Entomologiste.

Il était le troisième fils de Jean-Gaspard qui, peintre assez distingué, cultiva surtout la théorie et l'histoire des arts. Fuessli eut deux sœurs qui excellaient dans la peinture des fleurs et des insectes. Lui-même était destiné à l'art du dessin ; mais il embrassa la profession de libraire, et publia de bons ouvrages sur l'entomologie.

Nous citerons :

Catalogue raisonné des insectes de la Suisse. 1755, in-4.

Magasin d'entomologie. 3 vol., in-8°., 1778.

Archives d'entomologie. 6 cahiers in-4. 1781-1786.

GAERTNER (Joseph),
Né à Calw (Wurtemberg), le 12 mars 1732) ;
Mort le 13 juillet 1791.
Voyageur, botaniste.

Destiné d'abord à l'état ecclésiastique, puis à la carrière du barreau, il fut attiré par un penchant invincible vers les sciences. Aussi préféra-t-il embrasser la médecine, et il soutint sa thèse à Tubingue en 1753. Mais son but n'était point la pratique; il voyagea successivement en Italie, en France, en Angleterre et en Hollande, et se mit en rapport avec les savans les plus distingués de cette époque. A son retour, il fut nommé professeur d'anatomie à Tubingue. En 1768, il accepta la chaire de botanique à l'université de Saint-Pétersbourg, et fut nommé membre de l'académie de cette ville et directeur du musée d'histoire naturelle; mais le climat de cette contrée ne convenant point à sa santé, il retourna en 1770 dans sa patrie. Déjà il avait commencé son travail sur la *carpologie*, et en avait rassemblé les matériaux dans les diverses contrées qu'il avait parcourues. Il retourna encore en Hollande et en Angleterre, et profita des renseignemens que pouvaient lui fournir Banks et Thunberg, arrivés récemment, l'un de son voyage autour du monde, l'autre du Japon.

Gaertner ne se pressait point de publier; aucune recherche, aucune fatigue ne pouvait le rebuter. Un trop long exercice du microscope, un travail excessif, altérèrent profondément sa santé pendant deux ans et faillirent lui faire perdre la vue. Guéri, il ne s'en remit qu'avec plus d'activité au travail. Son premier volume était achevé, il le garda en portefeuille plus de deux ans pour le reprendre à loisir et le corriger après s'être reposé par d'autres travaux. Enfin il en publia le premier volume, où se trouvaient 79 planches dessinées par lui; le deuxième volume fut achevé deux ans après, et, la veille de sa mort, il travaillait encore au troisième. Ce fut dans ces livres que Gaertner posa les bases d'une bonne classification des fruits; il fit mieux connaître la position respective de l'ovaire, du placenta, de l'embryon et du périsperme qu'il nomme *albumen*. Sa division générale est fondée sur le nombre des cotylédons.

Il a laissé :

De fructibus et seminibus plantarum ; accedunt seminum centuriæ quinque priores. Stuttgard, 1789, in-4, fig.

Les cinq centuries suivantes, 1791.

GEER (Charles, baron de),
Né en Suède en 1720 ;
Mort à Stockholm, le 8 mars 1778.
Entomologiste.

Héritier d'une des plus grandes fortunes de Suède, il s'honora par une bienfaisance éclairée, et se plaça au premier rang dans sa patrie par ses travaux scientifiques. Dès son enfance qu'il passa en Hollande, le futur entomologiste étudiait les mœurs des vers à soie, qu'on ne lui avait donnés que comme amusement. Il avait commencé ses études à Utrecht et il les termina à Upsal où il fut un des disciples les plus assidus de Celsius et de Linné. A l'exemple de Réaumur, dont il avait profondément étudié les travaux, il publia des mémoires où l'on reconnaît l'observateur attentif, patient, ingénieux, faisant servir à son instruction toutes les facilités que donne la richesse. Sectateur de Linné, il se préoccupa plus que le savant français de classer méthodiquement les objets naturels. Il fut membre de l'académie de Stockolm.

Il a publié en français :

Mémoires pour servir à l'histoire des insectes. Stockholm, 1752-78 ; 7 vol. in-4, avec fig. On y trouve la description de plus de 1,500 espèces.

Le premier volume est beaucoup plus rare que les autres. DérGeer, piqué du peu de succès qu'il avait obtenu, en aurait, disent les auteurs de la Biographie universelle, détruit lui-même l'édition.

GEOFFROY-SAINT-HILAIRE (Etienne),
Né à Etampes, le 15 avril 1772 ,
Mort à Paris, le 19 juin 1844.
Naturaliste.

Comme tant d'autres jeunes gens, avant la révolution, il fut destiné aux fonctions ecclésiastiques ; mais le goût pour les sciences se révèla de bonne heure en lui, et les leçons de Brisson sur la physique développèrent ce goût inné. Reçu pensionnaire libre au collége Lemoine, il rencontra au réfectoire le célèbre Haüy, qui le prit en amitié et le recommanda à Daubenton. Le jeune naturaliste se faisait remarquer d'ailleurs par l'originalité de son esprit, l'étendue de ses vues, la hardiesse des problèmes dont il proposait la solution embarrassante à Daubenton, l'homme de l'observation positive. Une circonstance vint bientôt mettre Geoffroy en évidence, et montrer qu'à un esprit élevé il unissait le courage civique.

En 1972, Haüy avait été arrêté comme prêtre réfractaire. Geoffroi lutta par l'activité de ses démarches contre l'indifférence ou peut-être les terreurs des collégues de l'illustre minéralogiste. Sollicitée par lui, l'académie en corps réclama Haüy qui lui fut rendu. Geoffroy-Saint-Hilaire fit preuve du même courage, lors de la capitulation d'Alexandrie et de la reddition du Portugal; par ses énergiques représentations il sauva les collections qu'il avait rassemblées pour le muséum, et forcé d'abandonner quelque chose à un ennemi avide, il ne livra que ce qui lui appartenait en propre.

Dès l'âge de 21 ans il fut promu par Daubenton à la chaire de zoologie des animaux vertébrés. C'est alors qu'il devina dans les mémoires adressés par G. Cuvier l'avenir de celui qui devait être son rival et son antagoniste. Plus préoccupé, comme il le fut toujours, de la science que de ses propres intérêts, il se hâta de l'appeler à Paris. Pendant deux ans, Cuvier et lui associèrent leurs travaux et partagèrent la même table. Pourquoi cette union touchante de deux âmes supérieures a-t-elle été troublée plus tard par la dissidence d'opinions et de systèmes? C'est que de tels systèmes sont un abîme entre les hommes. En effet, Cuvier fut le représentant de la croyance à l'établissement sur la terre d'un certain nombre d'espèces qui se conservent les mêmes, en vertu de lois dont l'action incessante préside à leur renouvellement, en protégeant leur forme inaltérable. La nature ne lui parut point avoir travaillé sur une seule idée; il établit au contraire qu'elle a, dès l'origine de toute formation, arrêté plusieurs modèles distincts sur lesquels se moulent successivement les différentes classes d'êtres organisés.

Geoffroy soutint l'*unité typèale*. A ses yeux il n'existe pour toute l'organisation animale qu'un seul plan général, qui se modifie, selon les milieux, les circonstances d'air, de lumière, d'aliment, d'habitation, d'habitude, de manière à former les espèces. Le naturaliste peut, le plus souvent, suivre ces modifications depuis la plus simple jusqu'à la plus compliquée, et voir comment elles se surajoutent les unes aux autres, mais en les analysant il retrouve sous ces formes, en quelque sorte accidentelles, le type dominant, l'idée primitive. Les monstruosités les plus bizarres, loin d'ébranler ce système, viennent au contraire le confirmer, et ne sont plus que les conséquences malheureuses du principe général. Pour s'aider dans ces recherches, l'auteur posa quatre principes secondaires qu'il formula ainsi : 1° la théorie des analogues ; 2° le principe des connexions ; 3° les affinités électives des élémens organiques ; 4° le balancement des organes.

Geoffroy fut un des membres les plus actifs de la commission scientifique qui accompagna l'armée d'Égypte, et il rassembla d'immenses collections. En 1807, il fut nommé membre de l'institut ; en 1810, il fut chargé d'une mission scientifique en Portugal et s'en acquitta comme toujours avec un désintéressement et une moralité dignes de tout éloge, ne s'attribuant rien du droit du vainqueur, mais faisant des échanges utiles aux deux nations.

Nommé en 1815, membre de la chambre des représentans, il ne prit aucune part aux discussions politiques.

Il fit pendant longues années, au Jardin du roi, un cours de zoologie philosophique, et à la faculté des sciences, un cours de philosophie anatomique. Quoiqu'il ait publié un grand nombre de dissertations spéciales et qu'il y ait peu de points dans l'histoire naturelle du règue animal sur lesquels il n'ait travaillé à répandre des lumières, son esprit éminemment synthétique le ramena toujours vers sa pensée dominante, l'unité; et cette idée sert en quelque sorte de lien entre la plupart de ses travaux, quelque indépendans qu'ils puissent paraître les uns des autres.

Ses principaux ouvrages sont:

Histoire naturelle des mammifères, pub. avec Fréd. Cuvier.

Philosophie anatomique. Paris, 1818-23, 2 vol. in-8. Cet ouvrage est séparé en deux parties; l'une, sous ce titre: *Des organes respiratoires sous le rapport de la détermination et de l'identité de leurs pièces osseuses;* l'autre : *Traité des monstruosités humaines.*

Sur le *Principe de l'unité de composition organique.* 1828, broch. in-8.

Système dentaire des mammifères et des oiseaux, sous le point de vue de la composition et de la détermination de chaque sorte de ses parties, embrassant, sous de nouveaux rapports, les principaux faits de l'organisation dentaire chez l'homme. 1824, in-8.

Études sur l'orang-outang observé vivant à Paris. 1836.

Article *Chauve-souris,* au DICTIONNAIRE DES SCIENCES NATU-RELLES.

Et un très grand nombre de Mémoires. Nous citerons entre autres :

Anatomie comparée des organes électriques de la raie-torpille, du gymnote engourdissant et du silure trembleur (Annales du Muséum, 1802).

Mémoires sur les poissons, où l'on compare les pièces osseuses de leurs nageoires pectorales avec les os des extrémités antérieures des autres animaux à vertèbres (*ibid.* 1807).

Considérations sur les pièces de la tête osseuse des animaux vertébrés, et particulièrement sur celles du crâne des oiseaux (Ibid.).

Des usages de la vessie aérienne des poissons (Ibid., 1809).

Des tortues molles (Ibid.).

D'un squelette chez les insectes, etc. (Journal complément. du Dict. des sciences médicales, 1819).

Mémoire pour établir que les monotrèmes sont ovipares (Bulletin de la société philomatique, 1822).

Considérations générales sur la vertèbre (Mémoires du Muséum d'histoire naturelle, 1822).

***

GESNER (Conrad),

Né à Zurich, le 26 mars 1516 ;

Mort à Bâle le 13 décembre 1565.

Médecin, naturaliste.

Peu d'hommes ont réuni autant de connaissances diverses et ont pu, comme lui, parvenus seulement à l'époque moyenne de la vie, laisser en plusieurs genres des ouvrages importans. Littérature ancienne, bibliographie, médecine, histoire naturelle, l'occupèrent presque également. Il commença par travailler à l'édition du Dictionnaire grec de Favorinus, et par enseigner les lettres grecques pendant trois ans à Lausanne; et cependant il ne s'était instruit qu'à grande peine, obligé de faire quelques travaux pour vivre, ou de donner des leçons. En 1541, il fut reçu docteur en médecine à Bâle, et à partir de cette époque, quoiqu'il ait publié plusieurs éditions grecques ou latines, ses travaux prirent surtout une direction scientifique. Les plus importans furent sur l'histoire naturelle; mais nous ne pouvons nous empêcher de citer parmi ses œuvres littéraires sa *Bibliothèque universelle*, où il donne les titres de tous les ouvrages connus alors, en hébreu, en grec et en latin, avec un jugement sur leur mérite et quelques exemples de leur style.

Les relations qu'il avait dans toute l'Europe lui procuraient des figures, des notices et même des échantillons des objets qu'il avait à décrire ; lui-même fit de fréquens voyages dans la Suisse et en Allemagne.

Sa mort fut digne de sa vie ; une maladie pestilentielle, qui avait éclaté à Bâle, au printemps de 1564, s'était propagée à Zurich. Gesner donna ses soins à un grand nombre de malades et publia même une dissertation sur la manière de les traiter. L'année suivante, la maladie reparut avec une nouvelle intensité, il finit par en être atteint ; un bubon s'était montré sous l'aisselle droite ; il pressentit sa fin prochaine et voulut mourir au champ d'honneur. Il se fit porter dans sa bibliothèque ; là, pendant les cinq derniers jours qui lui restaient, il s'occupa à mettre en ordre ses manuscrits qu'il légua à Gaspard Wolf.

Il a écrit sur les trois règnes de la nature ; mais son ouvrage le plus important est :

Son *Histoire des animaux*, en cinq livres. Zurich, de 1551 à 1556, quatre livres ; le cinquième est posthume et fut publié en 1587.

Il ne se contente point d'y copier les anciens ; il donne un grand nombre de détails tirés de sa propre observation, particulièrement sur les animaux de la Suisse.

Il projetait également une histoire des plantes, pour laquelle il avait peint plus de 1,500 figures, et dont les fragments ont été publiés par Wolf.

Il a publié en outre :

Traité sur les fossiles, les pierres et les gemmes. 1563, in–8

Traduction complète des œuvres d'Elien. 1556.

GILIBERT (Jean-Emmanuel),
Né à Lyon (Rhône), le 21 juin 1741 ;
Mort le 2 septembre 1814.
Médecin, naturaliste.

Reçu docteur en médecine à l'école de Montpellier

vers l'âge de 22 ans, il s'était établi dans le petit village de Chazay où il s'occupait plutôt de botanique et d'histoire naturelle que de pratique. Cependant il publia en 1772 un ouvrage où il attaquait avec violence les abus qui déshonorent la médecine. Ce livre singulier (*l'Anarchie médicinale, ou la médecine considérée comme nuisible à la société*) attira l'attention de Haller sur l'auteur; aussi trois ans plus tard l'illustre physiologiste consulté par la cour de Pologne sur le choix d'un homme capable de fonder une école de médecine, désigna Gilibert. L'école fut d'abord établie à Grodno, puis transportée à Wilna. Gilibert, qui avait commencé par fonder un jardin botanique à Grodno, remplit avec distinction les chaires d'histoire naturelle et de matière médicale. Mais des intrigues et le climat le dégoutèrent de ce pays; il revint à Lyon où, accueilli avec honneur, il fut nommé médecin à l'Hôtel-Dieu et professeur au collége de médecine. La haute considération dont il jouissait le fit élire maire pendant la révolution, et lors du siége de sa ville natale il était président de la commission départementale. La prise de Lyon par l'armée de la convention l'exposait à une mort certaine; il y échappa, mais sa fuite fut accompagnée de mille dangers. Enfin, lorsque la tranquillité fut rétablie, il obtint la chaire d'histoire naturelle à l'école centrale. Les dernières années de sa vie furent empoisonnées par d'atroces douleurs que lui occasionnaient des calculs vésicaux.

On lui doit des travaux importans sur l'histoire naturelle de Pologne; il a fait connaître quelques minéraux, plusieurs animaux et un très-grand nombre de plantes.

Il a publié :

Flora lithuanica. Grodno, 1781, 2 vol. in-12.
Indagatores naturæ in Lithuania. Wilna, 1781, in-8.

Démonstrations élémentaires de botanique. Lyon, 1789, in-8.

Abrégé du système de la nature de Linné. Lyon, 1802, in-8.

Exercitia phytologica quibus omnes plantæ Europeæ, quas vivas invenit in variis herbationibus, etc. Lugd., 1792, 2 vol. in-8.

Histoire des plantes d'Europe, ou Élémens de botanique pratique. Lyon, 1798, 2 vol. in-8. 2ᵉ édit. Lyon, 1806, 3 vol. in-8°.

GINANNI (Joseph, comte),

Né à Ravenne, en 1692 ;
Mort dans la même ville en 1753.

Naturaliste,

Ayant parcouru les différens états de l'Italie, pour y rassembler des plantes, des coquilles et autres objets d'histoire naturelle, il en forma une belle collection dont la description fut donnée plus tard par son neveu. Il s'appliqua surtout à faire connaître les productions des bords de la mer Adriatique et en découvrit un assez bon nombre de nouvelles. Il fut élu membre de l'académie des sciences de Bologne et de la société littéraire de Ravenne.

On a de lui :

Delle uova e de' nidi degli uccelli, con una dissertazione sopra varie spezie di cavallette. Venise, 1737.

Produzioni naturali che si ritrovano nel museo Ginanni in Ravenna, metodicamente disposte e con annotazioni illustrate. Lucques, 1742, in-4.

Opere postume nelle quali si contengono 114 piante, che vegetano nel mare Adriatico, nelle Paludi, e nel territorio di Ravenna, coll' istoria d'alcuni insetti. Venise, 1755-57.

GMELIN.

C'est le nom d'une famille de Tubingen (Wurtemberg) qui, pendant le dix-huitième siècle, a compté plusieurs savans illustres ; deux sont morts victimes de leur zèle pour les sciences naturelles ; nous leur consacrerons des notices spéciales :

GMELIN (Jean-George),
Né à Tubingen (Wurtemberg), en 1709 ;
Mort le 20 mai 1755.
Médecin, naturaliste.

Fils d'un pharmacien instruit, il fut de bonne heure familiarisé avec les sciences ; aussi put-il, dès l'âge de 18 ans, être reçu docteur en médecine. Il partit alors pour la Russie où ses connaissances fort étendues le firent promptement distinguer, et il ne tarda pas à être nommé professeur de chimie et d'histoire naturelle. En 1733, une commission scientifique se préparait, par les ordres de l'impératrice Anne, à partir pour des contrées qui quoique relevant de l'empire russe étaient presque inconnues ; il s'agissait d'explorer la Sibérie dans toute son étendue, et le Kamtschatka. Gmelin demanda à faire partie de l'expédition. Les voyageurs partirent le 8 août 1733 ; d'innombrables difficultés les attendaient ; ils ne furent pas toujours bien accueillis par les gouverneurs, que leur éloignement de la métropole rendait fort indépendans, et ils eurent à souffrir plus d'un hiver excessif. Gmelin vit ses livres et une partie de ses collections dévorés par un incendie ; enfin ses forces épuisées ne lui permirent point d'atteindre le Kamtschatka ; il fut obligé de solliciter son rappel.

Dix années entières avaient été consumées dans ce laborieux voyage; et un grand nombre d'observations y avaient été faites malgré les dangers et les obstacles. Gmelin y avait contracté le germe de maladies que son retour en Europe ne put détruire et qu'un travail continu ne fit que développer. En 1747, il avait quitté la Russie pour retourner dans sa patrie où il remplit les chaires de botanique et de chimie; mais avant qu'il eût fini de mettre en ordre toutes les observations qu'il avait faites en Sibérie, il succomba, à l'âge de quarante-six ans.

On a de lui :

Flora Sibirica sive historia plantarum Sibiricæ. St-Pétersb. 1747, 4 vol. in-4.

Dans la Préface, Gmelin indique sommairement les principaux faits de son voyage, et esquisse à grands traits l'histoire naturelle de cette immense contrée.

Voyage en Sibérie. Gottingen, 1751, 4 vol. (allemand).

On en trouve un abrégé dans le tome XVIIIe de l'Histoire générale des Voyages, de Prévost.

GMELIN (Samuel-Theophile), neveu du précédent,

Né à Tubingen, le 23 juin 1745;

Mort à Achmetkent (Caucase) le 27 juin 1774.

Médecin, naturaliste.

Reçu docteur en médecine à 19 ans, il fut lié avec Pallas, qu'il connut à Leyde, avec Adanson, qu'il visita à Paris; et ces relations accrurent encore son ardeur pour la botanique. En 1766 il fut appelé à Saint-Pétersbourg pour y professer cette science. Catherine II, qui régnait alors, ordonna une nouvelle expédition scientifique; un Gmelin ne pouvait y manquer. L'expédition cette fois devait se diriger vers les parties méridionales de l'empire, contrées non moins barbares et dont les vastes steppes offraient un champ nouveau à l'exploration. Gmelin partit au mois de juin 1768 et passa cinq ans à explorer les bords du Don et du Volga, les confins de la Perse, les environs d'Astrakan. Il y avait couru des dangers suscités non-seulement par les fatigues du voyage, mais encore par l'avarice et la cruauté des chefs qui dominaient dans ces contrées. Cependant l'année suivante il voulut visiter la côte orientale de la mer Caspienne, puis revenir par la Perse. En vain Pallas avait cherché à le dissuader de ce projet, il y employa l'année 1773. Au commencement de 1774, il fut arrêté par le khân des khaïtakes qui l'emprisonna et mit un haut prix à sa rançon. En vain l'impératrice Catherine, aussitôt qu'elle eut été informée de cet événement, donna-t-elle les ordres les plus précis pour obtenir sa délivrance; le chagrin et l'humidité de sa prison avaient développé une maladie mortelle; ses compagnons ne purent tirer du cachot qu'un cadavre. Sa veuve reçut de l'impératrice une riche pension.

Il a publié :

Historia fucorum inconibus illustrata. St-Pétersbourg. 1768, in-4°.

C'est le premier ouvrage qui ait été publié sur les varechs.

Voyages dans différentes parties de l'empire de Russie, pour faire des recherches relatives à l'histoire naturelle. St.-Pét., 1770-74, 4 vol. in-4°.

Une partie de ces mémoires fut écrite pendant sa captivité.

Il a publié aussi les tomes III et IV de la *Flora Sibirica* de son oncle.

GŒTHE (Jean-Wolfgand),

Né le 28 août 1749, à Francfort-sur-le-Mein;

Mort à Weimar, le 22 mars 1832.

Littérateur, naturaliste.

Quoi! s'agit-il de l'homme qui pendant les deux tiers d'un siècle a rempli l'univers de sa gloire littéraire; qui fut non moins étonnant par la grandeur de son génie que par la souplesse de son esprit; l'auteur de Werther, de Faust, d'Hermann et Dorothée, prenant place au milieu des plus célèbres naturalistes ! Sans doute sa biographie détaillée ne doit point se trouver ici, mais tous ceux qui se vouent à l'étude de la nature doivent compter avec orgueil dans leurs rangs la plus vaste intelligence des temps modernes. Pour Gœthe, en effet, l'étude de l'histoire naturelle ne fut pas un simple caprice ou une distraction à ses innombrables travaux ; ce fut une œuvre sérieuse et dans laquelle il a marqué l'empreinte de son génie. Dès ses plus jeunes années, la botanique avait attiré son attention ; mais ce n'était là qu'une des mille formes par lesquelles se découvrait son insatiable avidité de connaître. Dans son âge mûr et dans sa vieillesse, il consacra aux sciences naturelles beaucoup de temps, il s'y appliqua, non en amateur qui se contente de notions générales, mais en savant qui n'arrive à la généralisation qu'à force de détails. Il fit un bon nombre de recherches spéciales et, entre autres, soutint, contre l'opinion de Camper, l'existence de l'os inter-maxillaire chez l'homme. L'idée qui domine dans ses études de zoologie, c'est l'unité de composition. Gœthe paraît avoir émis un des premiers cette manière de concevoir le travail d'organisation. On doit convenir qu'il enveloppa sa formule de quelque obscurité de langage, et qu'en supposant un type qui contiendrait en quelque sorte toutes les formes il a parlé plutôt en poète qu'en observateur rigoureux.

Les différens mémoires qu'il a publiés sur la zoologie, la géologie et la botanique, ont été traduits annotés et recueillis en un volume par M. C.-F. Martins, sous ce titre :

OEuvres d'histoire naturelle de Gœthe. Paris, 1835, in-8°, avec un atlas contenant les planches originales de l'auteur, etc.

————

GŒTZE (Jean-Auguste-Éphraïm),
Né à Aschersleben (Prusse) ; le 28 mai 1731 ,
Mort le 27 juin 1793.
Pasteur évangéliste, naturaliste.

Destiné par son père, qui était pasteur, aux mêmes fonctions, il se résigna aux études théologiques, sans perdre de vue l'histoire naturelle, qui avait pour lui beaucoup plus d'attrait. Mais l'ardeur de controverse, qui agitait autour de lui tous les esprits, et surtout l'exemple de son frère, un des plus fougueux théologiens qu'ait produits l'église luthérienne, le ramenèrent vers la science plus calme, objet de ses désirs. Tout en continuant avec zèle ses fonctions évangéliques, il publia de nombreux travaux sur l'histoire naturelle. Il commença par faire des observations importantes sur les polypes d'eau douce, et rassembla de nombreux matériaux sur l'histoire des insectes, selon le système de Linné, qu'il possédait parfaitement. Il avait formé une riche collection de vers, qui lui fut achetée par l'empereur Joseph II pour le cabinet de l'université de Pavie. Outre ses travaux sur l'entomologie et les entozoaires, il publia un grand nombre d'ouvrages destinés à détruire les erreurs populaires et à donner aux enfans des idées justes sur les sciences naturelles.

Ses principaux ouvrages sont :

Mémoires entomologiques. Leipzig, 1777-81, 4 vol. in-8°.

Essai d'une histoire naturelle des vers qui se trouvent dans les intestins des animaux. 1782, Dessau, in-4°.

Dissertation pour prouver que la ladrerie des porcs n'est pas une maladie des glandes, mais que ces boutons sont de véritables hydatides. Halle, 1784, in-8°.

Faune européenne ou *Histoire naturelle des animaux d'Europe,* etc., destinée surtout à la jeunesse.

Catalogue du cabinet d'histoire naturelle de Gœtze. 1792, in-8°.

GUETTARD (Jean-Étienne),

Né à Étampes (Seine-et-Oise) le 22 septembre 1715,

Mort à Paris, le 8 janvier 1786.

Médecin, minéralogiste.

On doit le compter parmi les savans qui ont le plus travaillé à développer en France le goût de la minéralogie. Admis de bonne heure à l'Académie des sciences par l'influence de Réaumur, qui avait su le distinguer, il entreprit, par une série de travaux sur la minéralogie, de faire connaître les richesses que la France possède en ce genre. D'une santé robuste, il ne se reposait presque jamais du travail ; d'une nature fort impressionnable, il étendait sa commisération jusque sur les animaux. Ce fut un homme droit, ennemi de toute exagération et de toute flatterie. Il fut conservateur du cabinet d'histoire naturelle du duc d'Orléans.

Ses *Mémoires* se retrouvent dans le recueil de l'Académie des sciences de 1744 à 1778.

Il a publié :

De la nature des terrains qui traversent la France et l'Angleterre. 1746.

Observations sur les plantes. Paris, 1747, 2 vol. in-12.

Des granits de France. 1751.

De quelques montagnes de France qui ont été des volcans. 1752.

Histoire de la découverte faite en France de matières semblables à celles dont la porcelaine de Chine est composée. Paris, 1765, in-4° ou 1766 in-12.

Cette découverte donna lieu à l'établissement de la manufacture de Sèvres.

Mémoires sur les différentes parties des sciences et des arts. Paris, 1768-83, 5 vol. in-4°.

Mémoire sur la minéralogie du Dauphiné. 1779, 2 vol.

Atlas et description minéralogique de la France. Paris, 1780. in-f°.

HALLER (Albert de),
Né à Berne (Suisse), en octobre 1708 ;
Mort le 12 décembre 1777.
Anatomiste, botaniste.

C'est un de ces hommes rares qui apparaissent sur la terre à de longs intervalles, comme pour marquer jusqu'où peut s'étendre l'intelligence humaine. La fortune sembla réunir sur lui toutes ses faveurs ; il naquit dans l'opulence ; enfant précoce, et homme de génie, il se vit, dans sa vieillesse, entouré de la plus haute considération à laquelle savant soit jamais parvenu. Sa taille était élevée, sa physionomie imposante, ses mœurs austères, sa diction pleine de charmes ; comme écrivain, il put embrasser les genres les plus opposés avec une égale facilité. Rien de plus touchant que ses poésies, rien de plus clair que ses descriptions anatomiques, de mieux déduit que ses considérations physiologiques ; il écrivait avec un égal talent en latin, en allemand, en français ;

il parlait la plupart des langues vivantes. Dans ses magistratures, il porta la même activité, la même supériorité que dans ses travaux scientifiques. Avec cette habitude de dominer tous les hommes de son temps, doit-on s'étonner qu'il ait été partisan dans son pays de l'aristocratie absolue, qu'il l'ait soutenue, même au préjudice de sa fortune. Du reste, personne ne fut plus propre à tempérer les inconvéniens d'un pareil gouvernement par une justice impartiale, une affabilité parfaite et une grande libéralité.

Les principaux travaux d'Haller appartiennent plus spécialement à la médecine et à l'étude particulière de l'homme; mais s'il fut le premier de son temps en anatomie et en physiologie, il peut encore par ses études sur la botanique, par ses considérations sur les êtres en général, par ses connaissances en anatomie comparée, être placé parmi les naturalistes les plus distingués de son siècle. Pendant dix-sept années, il occupa à Gœttingue la triple chaire d'anatomie, de chirurgie et de botanique. Les honneurs vinrent chercher l'illustre professeur; les rois de l'Europe l'appelaient à l'envi dans leurs États; mais il préféra les dignités moins splendides de sa ville natale, qui l'avait nommé, malgré son absence, membre du conseil souverain. A peine revenu dans sa patrie, il se trouva chargé de toutes les dignités qu'une république pouvait conférer; on rendit même, en sa faveur, un décret spécial qui le mettait pour toute sa vie en réquisition pour le bien public. Il termina sa vie à l'âge de soixante-dix ans, entouré d'une nombreuse famille, recevant les hommages de tous les étrangers de marque qui visitaient la Suisse. Lorsqu'il se sentit par sa dernière maladie frappé à mort, il observa jusqu'au dernier moment la marche décroissante des forces vitales et indiqua par un dernier signe le moment où son pouls s'arrêta. C'est Cuvier qui a consigné dans la *Biographie universelle* ce dernier trait de caractère; quinze ans plus tard, lui-même devait à son tour étudier jusqu'au dernier moment les progrès du mal auquel il succombait.

L'énumération de tous les ouvrages d'Haller ne rentre point dans notre sujet, et d'ailleurs elle exigerait une étendue que nous ne pourrions lui donner.

Ceux qui ont un rapport plus direct à l'histoire naturelle sont :

Historia stirpium Helveticæ indigenarum inchoata. 3 vol. in-folio, 48 pl., Berne; 1768.

Elementa physiologiæ. Lausanne, 1757–66. 8 vol. in-4°.

De partium corporis humani præcipuarum fabricâ et functionibus. Berne, 1777.

Opera minora. Lausanne, 1762-68, 3 vol. in-4°, où l'on remarque ses recherches sur le développement du poulet dans l'œuf, et des fœtus des quadrupèdes; sur les monstres, etc.

HAUY (Réné-Just),
Né à St-Just (Oise), le 28 février 1742 ;
Mort à Paris, le 3 juin 1822.
Prêtre, Minéralogiste.

Sa naissance le destinait à être un obscur ouvrier; mais son intelligence et sa disposition à la piété dès sa plus tendre enfance le firent remarquer du supérieur d'un couvent, qui se chargea de sa première éducation. Ses progrès furent assez rapides pour qu'on l'envoyât à la maîtrise d'une église de Paris. Dans l'humble position d'enfant de chœur, il développa une aptitude remarquable pour la musique. Il passa de là au collège de Navarre, où, plus tard, il devint maître de quartier; enfin il arriva, après avoir pris ses degrés, à être nommé régent de seconde au collége Lemoine. Ce semblait être le terme de toute son ambition; jamais il ne s'était occupé d'histoire naturelle et n'y songeait point; toutefois les rapports d'intimité qui s'établirent entre lui et le respectable Lhomond, le poussèrent à apprendre un peu de botanique, pour partager les promenades de son ami qui se plaisait à herboriser. Cet essai éveilla chez lui la vocation engourdie par la direction de ses premières études, et il se mit à étudier avec soin cette science dont il ne s'était approché que par complaisance. Il prit souvent le chemin du Jardin des Plantes, entra aux cours; les sciences purement physiques l'attirèrent davantage; il devint un des auditeurs les plus assidus du cours de minéralogie de Daubenton.

La comparaison des végétaux et des minéraux le conduit à douter que ceux-ci ne suivent aucune règle dans leur formation; une heureuse maladresse vient féconder le germe de cette pensée, resté jusqu'alors stérile : un groupe de spath calcaire cristallisé en prismes, qu'il examinait dans une collection, lui échappe des mains et se brise. La cassure des morceaux l'a frappé par sa régularité; il ramasse précieusement les débris qu'on repousse et où il aperçoit tout une science. la cristallographie est créée. Haüy avait à cette époque trente-huit ans; il se met à rapprendre la géométrie, la physique, dont vingt ans auparavant il avait eu quelques notions; il brise tous les cristaux de sa petite collection à laquelle il tenait tant; il calcule les angles d'après des méthodes qu'il se crée, les mesure ensuite et trouve les angles précisément de la mesure que lui donnait le calcul; sous les faces accessoires qui les re-

vêtent, il découvre les faces primitives de chaque cristallisation, et de celles-ci il déduit sûrement les faces
secondaires. Sa découverte se répand ; les plus illustres savans, les Lagrange, les Lavoisier, les Laplace,
viennent suivre les leçons du modeste régent, et les
portes de l'Académie s'ouvrent pour lui. Il avait atteint
le temps de sa retraite du collége ; il la demanda et se
consacra tout entier à des travaux de minéralogie. Avec
la réputation dont il jouissait alors, il fut sollicité pour
occuper des places qu'il n'eût point demandées, et fut
nommé, même pendant la révolution, membre de la
commission des poids et mesures, conservateur du cabinet des mines, professeur de physique à l'École nor-
male, puis professeur de minéralogie au Muséum. Napoléon le fit chanoine de Notre-Dame, membre de la
Légion d'honneur, professeur à la Faculté des sciences ;
Il accorda, sur sa recommandation une place à son neveu, et à lui une pension de 6.000 fr. La restauration seule
ne favorisa point Haüy, prêtre dévoué à son ministère,
qui n'avait prêté aucun serment contraire à sa conscience, et n'avait cessé de remplir ses fonctions ecclésiastiques, même au fort de la terreur. Aussi ne put-il
laisser à sa famille d'autre héritage que sa précieuse
collection, qui fut achetée par l'Angleterre.

Haüy était d'une santé délicate, et cependant il a vécu
jusqu'à près de quatre-vingts ans. Sa piété était exemplaire, mais sa tolérance le fut également ; il aimait les
jeunes gens, et semblait rajeunir à leur contact. Son
vaste savoir, sa simplicité d'enfant, ses vêtemens, ses
habitudes d'un autre temps, en firent un homme à part.
On n'eut à lui reprocher qu'une seule faiblesse : l'impatience de la contradiction.

Ses principaux ouvrages sur la minéralogie sont :

Essai d'une théorie sur la structure des cristaux. Paris, 1784.

De la structure considérée comme caractère distinctif des minéraux. 1793, in-8°.

Traité de minéralogie. 1801, 4 vol. in-8°.

Seconde édition, revue et augmentée; 1822. Les derniers volumes ont été publiés par M. Delafosse, l'élève préféré de Haüy.

Traité des caractères physiques des pierres précieuses. Paris, 1817.

Traité de cristallographie. 1822, 2 vol. in-8°.

HEDWIG (JEAN),

Né à Cronstadt, (Transylvanie) en 1730;

Mort à Leipzig, le 7 février 1799;

Médecin, botaniste.

Sa passion pour la botanique se montra dès son jeune âge. Tout en faisant ses études médicales à Presbourg, à Zittau, à Leipzig, il s'adonnait à sa passion pour l'étude des plantes; à Leipzig, il mit en ordre le jardin botanique. Établi médecin à Chemnitz il continua ses travaux; mais la nécessité de s'adonner à la pratique, le défaut de livres et d'instrumens nécessaires, l'empêchèrent de publier de bonne heure les observations multipliées auxquelles il se livrait sur les végétaux les moins connus et dans leur organisation et dans leurs fonctions. Des observations pleines de justesse, adressées à Schreber, auteur de la *Flore de Leipzig*, lui concilièrent l'amitié de ce savant, qui lui envoya des livres et des microscopes (1771). Dès lors il put ajouter à ses observations ce qui leur manquait en exactitude, et, ne trouvant point dans la petite ville qu'il habitait des ressources suffisantes pour ses publications, il se hasarda à venir avec sa nombreuse famille à Leipzig, où il fut bien accueilli et nommé successivement professeur de médecine et de botanique. C'est là qu'en quelques années, il fit paraître les nombreux travaux auxquels toute sa vie avait été consacrée. Ces travaux ont pour objet spécial les plantes cryptogames.

Fundamentum historiæ naturalis muscorum frondosorum. Leipzig, 1782, 2 part. in-4°.

Theoria generationis et fructificationis plantarum cryptogamicarum. 1784.

Stirpes cryptogamicæ. 1785, 4 vol. in-folio.

De Fibræ vegetalis et animalis ortu. 1789, in-8°.

HUBER (François),
Né à Genève, le 2 juillet 1750 ;
Mort à Lausanne, le 22 décembre 1831.
Naturaliste.

Il trouva inné dans sa famille le goût de l'histoire naturelle; son père Jean Huber avait publié des *Observations* curieuses *sur le vol des oiseaux de proie.* De bonne heure il se livra à l'étude des sciences naturelles avec une ardeur que rien ne pouvait modérer, et observa beaucoup par luimême ; il avait hâte en quelque sorte de faire provision pour l'avenir. En effet, dès l'âge de quinze ans, probablement par suite de ses lectures multipliées, sa vue s'était profondément altérée. Les plus célèbres médecins de Paris, qu'il vint consulter, ne purent remédier au mal et eurent à prédire une cécité complète qui ne tarda point à arriver. Aveugle, il ne perdit point courage; il résolut de poursuivre les *Ob-servations* qu'il avait commencées sur les abeilles. Mais comment voir ces insectes dans tous les momens de leur existence, à chaque heure du jour ? Sur ses instruc-tions, des ruches tout en verre, de forme différente, sont construites pour recevoir les essaims d'abeille. Une femme pleine de dévouement, qui n'avait point craint de l'épouser malgré ses désolantes infirmités, un domes-tique zélé et fidèle, qui devint son secrétaire et son ami, lui prêtent le secours de leurs yeux; Huber les in-terroge à chaque instant, les dirige, recueille et coor-donne ce qu'ils ont vu. Que doit-on le plus admirer, de cet esprit qui commande, perçoit et compare des sen-sations qui ne lui appartiennent point, ou de cette do-cilité intelligente qui persévère pendant tant d'années à fournir les matériaux d'un ouvrage dont elle ne re-cueillera pas la gloire ?

C'est avec cette touchante collaboration que fut com-posée l'histoire la plus complète qui ait jamais été pu-bliée sur aucune espèce animale; elle fournit un re-marquable modèle d'observation patiente et ingénieuse.

Nouvelles observations sur les abeilles. Paris, 1796, in-12. Deuxième édition, avec de grands développemens. 1814. 2 vol.

JACQUEMONT (Victor),
Né à Paris, le 6 août 1801;
Mort à Bombay (Inde), le 29 octobre 1832.
Voyageur-Naturaliste.

Les ouvrages de Jacquemont ne l'ont point placé aux premiers rangs de la science. Mais comment ne point payer un juste tribut de regrets à ce courageux jeune homme, victime de son zèle pour les découvertes scientifiques, qui sut se faire aimer de tous ceux qui l'entouraient, se fit même pardonner ses écarts par l'originalité de son esprit et son excellent cœur, et porta dignement le nom français jusqu'aux confins de l'Inde.

Après avoir fait un premier voyage en 1826 dans l'Amérique du Nord, d'où il rapporta de belles collections de plantes et de roches, il fut chargé par le gouvernement français de mettre à exécution un plan de voyage aux Indes orientales, qu'il avait lui-même rédigé. Il parcourut l'Himalaya, le Thibet, pénétra jusqu'à Lahore, où, grâce au général Allard, il fut parfaitement accueilli par le roi Runjet-Sing, et visita le Cachemire et le Pendjab. Mais les fatigues du voyage, l'influence délétère du climat, développèrent chez lui une inflammation du foie, si fatale et si commune dans ces contrées. Il comprit son mal ; mais, conservant toute sa tranquillité, il ne cessa d'écrire à sa famille que quand les forces lui manquèrent, et mourut heureux des soins qui lui étaient prodigués par les amis que lui avaient gagnés la noblesse et la bonté de son âme.

On a de lui :

Note sur le gisement du gypse dans les Alpes (Annales des Sciences naturelles, 1824).

Correspondance de Victor Jacquemont avec sa famille, etc. Paris, 1834, 2 vol. in-8°.

Voyage dans l'Inde pendant les années 1828 à 1832. In-folio par livraisons, 1835.

JUSSIEU.

Nom glorieux dans l'histoire de la botanique, et depuis près d'un siècle et demi porté avec honneur ! Que de royautés ont passé ! que de familles nobles ont disparu pendant ces longues années ; mais la dynastie toute scientifique des Jussieu s'est maintenue dans son pacifique royaume.

Le premier de cette race ennoblie par l'étude fut :

JUSSIEU (Antoine de),

Né à Lyon en 1686 ;

Mort à Paris en 1758.

Professeur de botanique au Jardin royal des plantes.

Il appela près de lui son frère cadet,

JUSSIEU (Bernard de),

Né à Lyon en 1699 ;

Mort à Paris en 1777.

Celui-ci étant parti avec son frère, que le Régent envoyait en Espagne et en Portugal pour y recueillir des plantes, prit goût à la botanique et s'y livra avec ardeur. Cependant il se fit recevoir docteur en médecine à Montpellier ; mais il eut de la répugnance pour la pratique, et préféra la place de sous-démonstrateur de botanique, que son frère lui avait fait obtenir. C'est dans cette place modeste, dont il se contenta toute sa vie, qu'il rendit à la science d'éminents services, soit en entretenant le jardin botanique, même à ses frais, soit en faisant faire aux élèves de nombreuses herborisations, où sa merveilleuse sagacité fut l'objet de l'admiration de Linné lui-même ; soit enfin en jetant les bases de la méthode naturelle, à l'époque où le célèbre naturaliste suédois ralliait tous les savans à son ingénieux système. Quelque temps avant sa mort, il avait perdu la vue.

Sa modestie, ses fonctions de professeur auxquelles il était tout dévoué, sa vie toute pratique l'empêchèrent

de publier beaucoup de livres; on a de lui quelques mémoires sur la *pilulaire*, le *lemna*, la *littorella lacustris*,
certains *corps marins*, regardés avant lui comme des végétaux, et qu'il apprit à considérer comme l'ouvrage en
commun de petits animaux. Personne n'attachait moins
de prix que lui à ses propres découvertes; il n'était occupé que de la pensée de propager les vérités utiles.
Les plagiats ne lui arrachaient que cette simple parole:
« Qu'importe, pourvu que la chose soit connue ! » Ses
idées de classification sont simplement indiquées par
l'ordre du *Catalogue* du jardin de Trianon, que Louis XV
l'avait chargé d'organiser en école de botanique. Il devait à son frère la position qui le rendit heureux; il voulut également appeler à sa succession un de ses neveux,
et le fit plus grand que lui.

JUSSIEU (Antóine-Laurent de),
Né à Lyon, le 12 avril 1748;
Mort à Paris le 17 septembre 1836.

Comme ses deux oncles, il était de Lyon, et fils
d'un de leurs frères nommé Christophe. A dix-sept
ans, il vint à Paris dans l'intention de suivre les
cours de médecine et demeura chez son oncle Bernard. Celui-ci, sans le détourner précisément de la
médecine, le ramenait sans cesse à l'étude des végétaux, constant objet de ses pensées. Aussi la thèse qui
couronna les études du jeune homme faisait déjà pré-
sager sa vocation : *an œconomiam animalem inter et ve-
getalem sit analogia.* Bientôt son oncle le fit nommer suppléant du professeur titulaire, Lemonnier, premier
médecin du roi, dont lui-même n'était que le démonstrateur. Antoine-Laurent se trouvait porté à cette chaire

par droit de naissance ; il voulut la mériter par son savoir. Un *Mémoire* important *sur la famille des Renoncules*,
publié en 1778 le fit nommer à l'Académie des sciences.
Dans le même temps, aidé du jardinier en chef André
Thouin, il exécutait une nouvelle distribution du jardin
botanique, d'après les idées de son oncle Bernard,
étendant et perfectionnant les principes qu'il avait pui-
sés dans ses longues conversations avec le vieillard
aveugle et septuagénaire. Enfin, en 1778, il commença
à publier son grand ouvrage : *Genera plantarum secundum ordines naturales disposita*, etc. Ce fut, on peut le
dire, sinon une révolution, au moins un progrès immense dans les sciences naturelles : aux vagues dénominations, aux systèmes artificiels, était substituée une
méthode fondée sur l'ensemble des caractères. Adanson
l'avait également entrevue ; il en avait développé les
avantages, mais il n'avait pas su la rendre populaire.
Aussi les travaux d'Antoine-Laurent ont-ils eu un bien
plus grand retentissement : car la classification zoologique de Cuvier elle-même, a découlé de celle qui venait
de s'établir en botanique. Quand, plus tard, au sortir
de la révolution, il eut été nommé administrateur, son
premier soin fut de fonder au Muséum une bibliothèque consacrée spécialement aux sciences naturelles. Il
rechercha du reste les places qu'avait dédaignées son
oncle, et fut successivement nommé professeur de matière médicale à l'école de médecine et conseiller de
l'université. La restauration lui ravit ces deux derniers
titres, et, en 1826, presque privé de la vue, il se démit
de sa chaire de botanique au Muséum, en faveur de son
fils, M. Adrien de Jussieu, qui l'occupe aujourd'hui.

Il a publié :

Genera plantarum, etc. Paris, 1789.

De nombreux articles dans le DICTIONNAIRE DES SCIENCES NATURELLES.

Une très-longue suite de *Mémoires*, dans les Annales du Muséum, de 1804 à 1809.

KLAPROTH (MARTIN-HENRI),
Né à Berlin, le 1er décembre 1743 ;
Mort dans la même ville le 1er janvier 1817.
Minéralogiste.

Professeur de chimie, membre de l'Académie des sciences de Berlin, associé de l'Institut de France, il mérita la haute renommée dont il fut entouré pendant sa vie, en contribuant à donner pour base aux classifications minéralogiques, la composition chimique. La multiplicité et l'exactitude de ses analyses le conduisirent à reconnaître des élémens nouveaux là où on croyait n'avoir que des corps simples. C'est à lui qu'on doit la découverte du titane, de l'urane et du tellure, du sulfate de strontiane, du molybdate de plomb. Il a publié un *Système minéralogique*, principalement basé sur les principes constitutifs des minéraux. On a de lui un grand nombre d'analyses dans le *Journal de Physique*, les *Annales de Chimie*, le *Journal des Mines*, etc. Ses ouvrages toutefois se rapportent plus à la chimie qu'à l'histoire naturelle.

KLEIN (JACQUES-THÉODORE),
Né à Kœnigsberg en 1685 ;
Mort à Dantzig, le 27 février 1759 ;
Naturaliste.

Secrétaire du sénat de Dantzig, il profita des loisirs

de cette place pour se livrer avec ardeur à l'étude de l'histoire naturelle. Il laissa une des plus riches collections qui existassent alors dans le nord de l'Europe. Ce n'est point un homme qui ait marqué par quelque découverte importante ou par l'exposition d'une nouvelle méthode; mais ses ouvrages, pour le nombre et la variété des sujets qui y sont traités, l'étendue des descriptions, et les figures qui les accompagnent, méritent d'être consultés par les naturalistes. Le plus important de tous est son *Ichthyologie.*

Il fut l'un des fondateurs de la Société des amateurs de l'histoire naturelle à Dantzig.

Ses principaux ouvrages sont :

Fasciculus plantarum rariorum et exoticarum ex horto proprio. Dantzig, 1722, in-8°.

Descriptiones tubulorum marinorum. Dantzig, 1731, in-4°, 10 pl.

Naturalis dispositio echinodermatum. Dantzig, 1734, in-4°, 36 pl.

Historiæ piscium naturalis promovendæ missus V, cum præfatione de piscium auditu. 1740-49.

Historiæ avium prodromus. Accessit historia muris Alpini et vetus vocabularium animalium. Lubeck, 1736, in-4°, fig. 8.

Tentamen methodi ostracologicæ, sive dispositio naturalis cochlidum et concharum. Leyde, 1753, in-4°.

Tentamen herpetologiæ. Leyde, 1755, in-4°.

Stemmata avium XL tabulis æneis ornata, accedunt nomenclatores polono-latinus et latino-polonus. Leipzig, 1759, in-4°.

Ulterior lucubratio subterranea de terris et mineralibus, etc. Pétersbourg., 1760, in-4°.

Ova avium plurimarum, 21 planches coloriées. Leipz., 1766, in-4°.

Specimen descriptionis petrefactorum gedanensium. Nuremberg, 1770, in-fol.

LACÉPÈDE (Bernard-Germain-Étienne de-la-Ville-sur-Illon, comte de),

Né à Agen, le 26 décembre 1756 ;
Mort à Épinay, près Paris, le 6 octobre 1825.

Naturaliste.

Les soins les plus tendres et les plus éclairés présidèrent à sa première éducation ; un précepteur habile, un père dévoué, réunirent leurs efforts pour éloigner de son âme toute impression fâcheuse, toute notion du mal. A treize ans, comme il l'a dit lui-même, il ne connaissait que le beau. L'isolement dans lequel on le maintenait dans un château, les livres de Buffon qu'on mettait entre ses mains, le conduisirent à la méditation et à l'observation des faits naturels. Il avait reçu en outre de son organisation une disposition toute spéciale pour la musique. Cette vocation l'emporta d'abord sur la première, et il débuta par quelques compositions musicales qui eurent un grand retentissement dans sa province et méritèrent de Gluck des paroles d'encouragement. Mais quelques-uns de ces embarras qui ne manquent pas aux débutans l'arrêtèrent bientôt et le firent renoncer à la scène ; il se borna à écrire sur la théorie de la musique, et s'appliqua avec plus d'ardeur aux sciences physiques. Déjà il avait communiqué à Buffon quelques recherches qui intéressèrent vivement le grand écrivain. Celui-ci, attiré vers Lacépède par une même manière de concevoir l'histoire naturelle et par la conformité du style, avait commencé à l'associer à tous ses travaux ; et il fallût que cette étude eût bien de l'attrait pour le jeune comte, puisqu'elle le décida, en 1785, à accepter la place très-modeste de garde sous-démonstrateur du cabinet du roi, lui qui d'une excursion en

Allemagne avait rapporté les épaulettes de colonel dans les troupes des cercles de l'empire.

En 1788, il commença à publier les suites à Buffon. Ce fut d'abord l'histoire des quadrupèdes ovipares, et l'année suivante celle des serpens. Ces ouvrages offraient les défauts et les qualités qui furent propres à ce qu'écrivit Lacépède : l'oubli presque complet de l'organisation intérieure, une grande facilité à croire les récits des voyageurs, peu de rigueur dans la disposition des genres et des espèces, mais aussi plus de méthode que Buffon, un style élégant et l'art d'intéresser ses lecteurs.

Lacépède, retiré à la campagne, traversa sans danger l'époque la plus difficile de la révolution. Dès que la tranquillité fut rétablie, les honneurs vinrent le trouver en foule : professeur au Jardin des Plantes, ses leçons eurent un grand retentissement; successivement il devint membre de l'Institut, président du sénat, grand-chancelier de la Légion d'honneur, ministre d'État, pair de France, acquérant sous chacun des gouvernemens qui se succédèrent quelque nouveau titre. On lui a reproché amèrement sa condescendance à tous les régimes, les flatteries fort contradictoires que lui imposaient ses positions diverses dans l'État; mais pour être juste envers lui, il faut tenir compte de son caractère fait pour aimer et admirer, et non pour haïr; de son désintéressement, qui lui fit refuser le traitement de chancelier; lui, le plus pusillanime des hommes en fait de politique, il sut plus d'une fois avoir du courage, quand il s'agissait de faire du bien. Son genre de vie était des plus simples; ses affections de famille étaient très vives. Il mourut de la petite vérole qu'il avait contractée, dit-on, en serrant la main d'un médecin, son collègue à l'Institut et au Jardin des Plantes, qui venait de visiter des varioleux. Prévoyant dès l'invasion de la maladie une fin prochaine, il montra une sérénité parfaite jusqu'à ses derniers momens. Le nombre de malheureux qui sans être fastueusement conviés, se pressaient à ses funérailles, témoignait assez des bienfaits que secrètement il répandait autour de lui.

Ceux de ses ouvrages qui se rapportent à l'histoire naturelle sont :

Histoire naturelle des quadrupèdes ovipares et des serpens. 1788-89, 2 vol. in-8°.

Histoire naturelle des reptiles. 1789, vol. in-4°.

Histoire naturelle des poissons. 1798 à 1803, 5 vol. in-4°.

Histoire naturelle des cétacés. 1804, in-4°.

Discours d'ouverture et de clôture du cours d'histoire naturelle. 1798 à 1801.

Histoire naturelle de l'homme. 1827, in-8°.

Les âges de la nature et l'histoire de l'espèce humaine. 1830, 2 vol. in-8° (ouvrage posthume).

Dans le DICTIONNAIRE DES SCIENCES NATURELLES, il a rédigé les articles des *Poissons* et de l'*Homme.*

On a de lui plusieurs *Mémoires,* dans la Décade philosophique, le Magasin encyclopédique, les Mémoires de l'Institut, les Annales du Muséum d'histoire naturelle.

LAMARCK (JEAN-BAPTISTE-PIERRE-ANTOINE **MONET** de),
Né à Bargentin (Somme), le 1er avril 1744 ;
Mort à Paris, le 18 décembre 1829.
Naturaliste.

Le dernier des enfans d'une famille noble, il fut, suivant l'usage, destiné à la prêtrise et envoyé au séminaire. Il fallut, malgré sa répugnance, obéir à la volonté impérieuse de son père ; mais à la mort du vieillard, arrivée en 1760, il ne tarda point à s'échapper du séminaire pour rejoindre l'armée que commandait le maréchal de Broglie. Il s'y distingua par une action d'éclat, qui lui valut le grade d'officier. Toutefois il ne persévéra point dans cette carrière : une longue maladie, le refus que le ministre faisait de lui confirmer son grade, peut-être aussi le désœuvrement d'une vie de garnison, contribuèrent à l'en dégoûter. Il vint à Paris étudier la médecine; mais, en réalité, il ne s'occupa guère que de botanique. Aussi son coup d'essai fut-il sa *Flore française*, guide commode et sûr, qui, par la méthode dichotomique, conduisait à la détermination des espèces. La nouveauté de ce système de classification, la facilité qu'il donnait pour l'étude, assura à l'ouvrage un rapide succès ; aussi l'auteur fut-il porté à l'Académie des sciences, dans la section de botanique.

Buffon, qui l'avait encouragé et avait fait imprimer son livre à l'imprimerie royale, lui procura une commission de botaniste du roi, chargé de visiter les jardins les plus célèbres de l'Europe. Il partit donc, accompagné du fils de Buffon, auquel il devait servir de mentor. Près de deux ans furent consacrés à ce voyage. A son retour, il composa un nouveau traité de botanique, et finit à grand'peine par être nommé adjoint à la garde des collections; la révolution, qui avait remué si profondément tous les établissemens publics ou privés, ne fit guère que changer le nom du Jardin du Roi, et maintint les mêmes personnes qui alors y occupaient des places, leur laissant le soin de se distribuer les douze chaires qu'elle instituait.

Lamark, le dernier venu, fut obligé de prendre la chaire dont les autres ne voulaient point : c'était celle des animaux inférieurs, confondus alors sous le nom d'insectes et de vers. Lamark avait à cette époque près de cinquante ans, et il ne s'était occupé que de botanique ou de physique; mais son courage et son infatigable ardeur ne l'abandonnèrent point, et le système des animaux sans vertèbres, publié en 1800, et qui n'était que le prélude d'un grand ouvrage, indiquait les vues profondes d'un esprit éminemment généralisateur. Dès ce moment, il ne cessa de poursuivre avec persévérance le nouveau but de ses études, y adjoignant des recherches sur la physique et sur la météorologie. Ses derniers travaux, dans lesquels il s'éloignait souvent des idées des autres savans, lui attirèrent quelques désagrémens, et même, disons-le, quelque ridicule : les lois qui régissent les phénomènes météorologiques ne sont pas encore assez connues pour qu'on puisse essayer de subordonner ces phénomènes les uns aux autres, sans s'exposer aux mécomptes des prédictions d'almanach.

Cependant, avec les années et l'assiduité du travail, sa vue, qui s'était progressivement affaiblie, se perdit complétement. Lamark, qui avait vécu loin du pouvoir, et avait mis de l'apreté à combattre les systèmes des autres savans pour faire prévaloir les siens, avait éloigné de lui les protecteurs; il était à peu près réduit au modique traitement de professeur; mais, malgré les atteintes de la vieillesse et de l'infortune, il trouva une douce consolation, et dans l'activité de la pensée qui ne l'abandonnait pas, et dans le dévouement de sa fille aînée qui ne le quittait point d'un instant, travaillait avec lui et écrivait sous sa dictée.

Trois ouvrages d'une haute importance ont marqué sa carrière :

La Flore française. Paris, 1773, 3 vol. in-8°.

Zoologie philosophique. 1809, 2 vol. in-8°.

Cet ouvrage, remarquable par l'immensité du sujet, ne l'est pas moins par la singularité des hypothèses. Celle qui domine toutes les autres, est que : l'organisation la plus simple peut se compliquer progressivement sous la seule influence des besoins divers auxquels elle se trouve exposée.

Histoire naturelle des animaux sans vertèbres. 1815-1822, 7 vol in-8°.

On a encore de lui :

Mémoires sur les cabinets d'histoire naturelle. 1793.

Hydrogéologie. 1802.

Dictionnaire de botanique et illustration des genres dans l'Encyclopédie méthodique.

LAMOUROUX (Jean-Vincent-Félix),

Né à Agen, le 3 mai 1779 ;

Mort à Caen, le 16 mars 1825.

Botaniste.

Destiné par son père à la carrière commerciale, il en fut distrait par son goût pour l'histoire naturelle. Ses études fort étendues en botanique nuisirent à ses succès comme industriel : sa maison ne put se soutenir ; il la quitta sans grand regret, et chercha une ressource dans ce qui n'avait été pour lui qu'un objet d'études. En 1807, il vint à Paris ; quelques mémoires qu'il avait déjà publiés lui servirent de recommandation auprès des savans. En 1808 il fut envoyé professeur de botanique à l'académie de Caen. Cette position le mit à même d'étendre et de perfectionner ses recherches sur les plantes marines qui l'avaient jusqu'alors préoccupé. De nouveaux mémoires, où règne un esprit de méthode et de sage observation, établirent sa réputation ; on peut croire qu'il l'eût agrandie et consolidée par quelque ouvrage important dont ses travaux publiés formaient comme la base, si une attaque d'apoplexie ne l'eût enlevé à l'âge de quarante-six ans.

Il était membre correspondant de l'Institut, et fut le fondateur de la société linnéenne de Caen.

Ses principaux ouvrages sont :

Mémoire sur le rouissage de l'agave americana (Décade philos., 1802).

Description de deux espèces de varechs (Bulletin de la soc. philomath., 1803).

Dissertation sur plusieurs espèces de fucus peu connues ou nouvelles. Agen, 1805, in-4°, 36 pl.

Mémoires sur plusieurs nouveaux genres de la famille des algues maritimes (Journal de bot. 1809).

Mémoire sur la classification des polypiers (Bullet. de la soc. philomath., 1812).

Essai sur les genres de la famille des thalassiophytes non articulés. 1813, in-4° (Annales du Muséum, t. XX).

Histoire générale des polypiers coralligènes flexibles, etc. Caen, 1816, 19 pl.

Exposition méthodique des genres de l'ordre des polypiers, etc. Paris, 1821, in-4°, 84 pl.

Mémoire sur la Lucernaire campanulée. (Mémoires du Muséum d'histoire naturelle, t. II, 1815).

Rapport sur le crocodile de Caen (Annales générales des sciences physiques, 1820.)

Mémoire sur la géographie des plantes marines (Annales des sciences naturelles, 1re section, t. 7).

Il a composé une grande partie du premier volume de l'Histoire des zoophytes, pour l'Encyclopédie méthodique.

On trouve de lui un assez grand nombre d'articles dans les seize premiers volumes du Dictionnaire classique d'histoire naturelle.

LATHAM (John),

Né le 27 juin 1740 à Eltham (comté de Kent);

Mort à Winchester, le 4 février 1837.

Ornithologiste.

Comme son père, il cumulait les fonctions de chirurgien et de pharmacien. Mais cette double profession était loin de suffire à l'occuper; quelque soin qu'il donnât à sa clientelle, la longue durée de sa vie lui permit de consacrer beaucoup de temps à l'histoire naturelle, vers laquelle l'appelait un goût bien prononcé. L'ornithologie étant la partie dont il s'occupait particulièrement, il se mit en rapport avec les savans de son époque, visita les musées et les collections, et finit par réunir, soit en oiseaux préparés, soit en dessins, les matériaux d'un ouvrage fondamental sur cette classe de vertébrés. Son ouvrage commença à paraître en 1780 et ne fut achevé qu'en 1801, au milieu d'autres travaux du même genre. Lui-même en donna une seconde édition, retouchée, augmentée de toutes les découvertes nouvelles de 1821 à 1824 : ainsi, lorsqu'il entreprit avec toute l'activité d'un jeune homme cette œuvre de dix volumes, il avait plus de quatre-vingts ans, et il ne succomba que quatorze ans après. Il fut un des fondateurs de la Société linnéenne, membre de la Société royale de Londres et de plusieurs sociétés étrangères.

A general synopsis of the birds. Londres, 3 vol. in-4° et deux suppléments, 1780 à 1801.

Histoire générale des oiseaux. 1821 à 1824, 10 vol.

Index ornithologicus. Londres, 2 vol. in-4°, 1790.

Essai sur les trachées de diverses espèces d'oiseaux dans les Transactions de la Société linn., t. IV.

LATREILLE (Pierre-André),
Né à Brives (Corrèze), le 29 novembre 1762;
Mort à Paris, le 6 février 1833.
Entomologiste.

Il est peu de savans illustres dont l'existence ait été plus modeste; celui qu'on a appelé le prince de l'entomologie, qui fut membre de presque toutes les académies de l'Europe, vécut dans un état voisin de l'indigence. Dès son enfance, il parut, par une certaine fatalité, comme voué à l'infortune et à l'obscurité. Cette fatalité fut-elle autre que son caractère timide et son amour pour la retraite?

La volonté de ses parens le fit prêtre; il vivait des faibles ressources que lui procuraient ses obscures fonctions, lorsque l'époque la plus terrible de la révolution vint lui arracher ces ressources, et créer autour de lui des dangers dont il n'eût point su se garantir, si l'amitié et l'estime de quelques personnes n'eussent veillé sur lui. Cependant il lui fallut chercher dans l'étude, qui jusqu'alors n'avait été pour lui qu'une agréable distraction, un moyen d'existence. Grâce à quelques amis, il obtint en 1798 d'être employé au Muséum d'histoire naturelle, où on le chargea de l'arrangement méthodique des insectes. Cette position inférieure dura trente ans; car ce ne fut qu'en 1829, à la mort de Lamarck, qu'il obtint, et seulement par la puissante intervention de Cuvier, une chaire au Muséum. Il ne jouit pas long-temps de cette position, achetée par tant d'années de travail et de gêne.

Sur le tombeau que lui fit élever la Société entomologique dont il était président, on grava une *nécrobie*. C'est un hommage à l'entomologiste, c'est un souvenir de sa vie. Détenu dans les prisons de Bordeaux pendant la terreur, il fit présenter un insecte rare (*necrobia ruficollis*) à l'un des commissaires de la Convention, en mission à Bordeaux ; et celui-ci, grand amateur d'insectes, lui fit obtenir sa liberté.

Il a publié :

Précis des caractères génériques des insectes, disposés dans un ordre naturel. Brives, 1796, in-8°.

Essai sur l'histoire des fourmis de la France. Brives, 1798, in-12.

Histoire naturelle des salamandres de France. Paris, 1800. in-8°.

Histoire naturelle des singes. 1802, 2 vol. in-8°.

Histoire naturelle des fourmis, suivie de *Mémoires sur les abeilles, les araignées*, etc. 1802, in-8°.

Histoire naturelle des reptiles. 1802, 4 vol. in-18.

Histoire naturelle des crustacés et des insectes. 1802-1805, 14 vol. in-8°.

Genera crustaceorum et insectorum secundum ordinem naturalem in familias disposita, etc. Paris, 1806-1809, 4 vol. in-8°.

C'est l'ouvrage le plus important de Latreille; ouvrage véritablement original, et qui a placé son auteur à la tête des entomologistes.

Mémoires sur divers sujets de l'histoire naturelle des insectes. 1819, in-8°.

De la formation des ailes des insectes. 1820, in-8°.

Cours d'entomologie, 1831, in-8°.

Et beaucoup d'articles disséminés dans les recueils et les dictionnaires.

L'ÉCLUSE (Charles de), en latin **CLUSIUS**,
Né à Arras, en 1526 ;
Mort à Leyde en 1609.
Médecin, botaniste.

Ses parens le destinaient à la jurisprudence, et ses premières études furent dirigées dans ce but. Mais son amour pour les voyages l'entraîna en Allemagne , dans la Suisse et dans le midi de la France. S'étant lié à Montpellier avec Rondelet, il abandonna l'étude du droit pour celle de la médecine, et surtout de la botanique ; le voici de nouveau voyageant, soit pour visiter les écoles les plus fameuses de l'Europe, soit pour faire collection de plantes. Parmi ses voyages, celui d'Espagne le mit à même de faire connaître un bon nombre de végétaux peu connus à cette époque. Dans les deux excursions qu'il fit en Angleterre, il se mit en relation avec les marins les plus expérimentés, qui lui communiquèrent sur les contrées qu'ils avaient parcourues des notions dont il fit son profit. Pendant quatorze ans, il fut directeur des jardins de l'empereur, à Vienne. En 1589, il avait abandonné la cour depuis deux ans et vivait fort retiré à Francfort, lorsque l'académie de Leyde lui offrit la chaire de botanique. C'est là qu'il termina sa longue carrière, entouré de l'estime et de l'amitié de tous. Il fut un des auteurs de ce temps qui contribuèrent le plus à propager l'amour de la botanique ; ses ouvrages remarquables par l'érudition, par la sagacité d'observation, le sont également par la scrupuleuse probité avec laquelle il rend à chacun ce qui lui appartient, s'inquiétant fort peu de ce qu'il a pu lui-même fournir aux autres. On ne trouve point dans ses livres cet esprit de méthode qui distingue Césalpin ; mais les descriptions y sont d'une précision, d'une exactitude et d'une élégance que personne n'a dépassées.

Il a laissé :

Histoire des plantes, traduite du flamand, de Dodoens. Anvers, 1557, in-folio.

Rariorum aliquot stirpium per Hispanias observatarum historia, etc. 1576, in-8°.

Rariorum aliquot stirpium per Pannoniam, Austriam, observatarum, etc. 1583.

Ces deux ouvrages ont été fondus dans le suivant :

Rariorum plantarum historia, cui accesserunt ejusdem commentariolus de fungis, etc. 1601, in-fol.

C'est dans cet ouvrage (liv. IV) qu'on trouve la première description exacte et la figure de la pomme de terre.

Exoticorum libri decem quibus, animalium, plantarum, aromatum aliorumque peregrinorum fructuum historiæ describuntur. Anvers, 1605, in-fol.

Curæ posteriores. Anvers, 1621.

Description de divers objets d'histoire naturelle.

LEUWENHOECK (ANTOINE),
Né à Delft (Hollande), en 1632;
Mort en 1723.
Micrographe.

Il s'était fait une réputation comme constructeur de microscopes et de lunettes ; il s'en fit une plus grande par ses recherches en physiologie et en histoire naturelle. Aucun savant n'a consacré plus de temps à l'observation microscopique, aucun peut-être n'y fit faire plus de progrès par les modifications qu'il apporta aux instrumens, par sa patience ingénieuse ; aucun n'en répandit davantage le goût par le nombre et aussi par l'étrangeté de ses découvertes. Ce nouveau monde était connu avant lui, mais il y pénétra plus avant que tout autre et rapporta de ce voyage d'exploration d'un nouveau genre, beaucoup de faits curieux et intéressans, ainsi que beaucoup de ces assertions hasardées qui échappent à quiconque raconte les merveilles d'un pays inconnu. On doit particulièrement signaler ses observations sur les globules du sang, sur la continuité des artères et des veines, sur les animalcules spermatiques, sur la cristallisation des sels qui se trouvent dans les humeurs animales. Sa réputation était tellement répandue que le czar Pierre-le-Grand, visitant la Hollande, voulut voir Leuwenhoeck, qui, pour lui témoigner sa reconnaissance, le rendit témoin de la circulation du sang dans la queue d'une anguille.

Ses Mémoires, imprimés séparément en hollandais, ont été réunis dans une traduction latine, sous le titre de :

Arcana naturæ detecta. Delft, 1695 à 99, 4 vol. in-4° et réimprimés avec les Épîtres de l'auteur, à Leyde, de 1719 à 1722.

LINNÉ (Charles),
Né à Roeshult (Suède), le 24 mai 1707 ;
Mort à Upsal, le 10 janvier 1778.
Botaniste.

Nils Linné, ministre évangélique d'un pauvre village de la Suède, destinant son fils à la même profession que lui, l'envoya vers l'âge de dix ans à Vexioe, pour y suivre l'école et apprendre le latin. Mais l'enfant abandonnait les classes pour courir la campagne et recueillir des fleurs ; ni les punitions du maître, ni les menaces du père, ne purent changer les dispositions de Charles. Son père irrité le mit comme incorrigible et incapable à l'âge de quatorze ans, en apprentissage chez un cordonnier. Un médecin, nommé Rothman, remarqua l'enfant, lui prêta un Tournefort, et le recommanda à Stobæus, professeur d'histoire naturelle, qui l'employa comme copiste. Là il put étudier à la dérobée, et un jour étonna son maître, qui l'envoya généreusement à l'Université d'Upsal. Charles y vécut mi-

sérablement de quelques leçons, et se vit obligé de rac-
commoder pour son usage les chaussures abandonnées
par ses camarades.

Mais le professeur de botanique finit par le distinguer; il lui confia quelque temps après la direction du
jardin, se fit suppléer par lui dans ses cours, et la destinée de l'apprenti cordonnier fut fixée pour toujours.

Cependant, malgré un voyage en Laponie où il avait
été envoyé par la ville d'Upsal, malgré le courage et la
sagacité qu'il y avait montrés, méconnu, poursuivi
par des jalousies de petite ville, il aurait peut-être laissé
son génie s'éteindre dans l'obscurité, si une jeune personne, à la main de laquelle il aspirait, n'eût remis le
mariage à trois ans, pour qu'il pût visiter les principales écoles. Tous les regards étaient alors tournés vers
Leyde, où règnait Boerrhave. Linné y arriva pénible-
ment faute d'argent; mais il trouva dans Boerrhave
un protecteur généreux qui accueillait avec faveur
tous les jeunes gens distingués, et qui le mit en relation
avec Cliffort, riche propriétaire passionné pour l'histoire naturelle, possesseur d'un jardin, d'un cabinet
et d'une bibliothèque magnifiques. On peut juger, par
les ouvrages que Linné publia en Hollande, si les trois
années passées au milieu de toutes ces richesses furent
bien employées. Il profita aussi de son séjour dans ce
pays pour se faire recevoir docteur en médecine.
Après un voyage en Angleterre, où il fut froidement
accueilli par Sloane, et un autre à Paris, où il se lia
d'une tendre amitié avec Bernard de Jussieu, il repartit pour la Suède. Il n'y reçut point d'abord l'accueil
que lui méritaient les ouvrages qu'il avait déjà publiés;
mais, par la protection du baron de Geer l'entomologiste, et du comte de Tessin, gouverneur du prince

royal, il obtint en 1738 le titre de médecin de la flotte, et en 1739 celui de médecin du roi. Ces charges lui permirent de contracter son mariage avec la jeune fille dont la résolution avait eu sur sa gloire une si favorable influence.

Enfin, en 1741, il fut promu à la chaire de botanique de l'université d'Upsal. C'est là que, pendant trente-sept ans, il se vit entouré d'élèves nombreux, vénéré par eux; c'est là que vinrent le trouver les honneurs académiques, les décorations et les titres de noblesse ; c'est là qu'affluèrent de toutes les parties de l'univers tous ceux qui voulaient faire des progrès dans les études botaniques. Pour lui, tant de gloire ne put l'éblouir : il fut toujours moins préoccupé des honneurs, que des joies de la famille, du plaisir de converser avec ses élèves, et d'une admiration vraie et naïve pour les œuvres de la nature. Vers 1773, sa mémoire commença à s'affaiblir; ce fut pour lui un triste avertissement des maux qui le menaçaient. Deux attaques d'apoplexie le privèrent de la plus grande partie de ses facultés; enfin une hydropisie termina sa vie à l'âge de soixante-onze ans. La Suède lui rendit les plus grands honneurs auxquels eût pu prétendre un prince de la famille royale; son corps fut inhumé dans la cathédrale d'Upsal, et le roi Gustave III composa son oraison funèbre. Linné était petit de taille, d'un visage ouvert, d'un œil vif et gai; sa conversation était pleine de charmes.

Son style précis, mais plein d'images, attache par sa singularité même; l'immensité d'objets naturels et de phénomènes curieux qu'il a décrits prouve son talent pour l'observation. Il sut aussi tirer parti de ses voyages, soit dans sa patrie pendant son professorat, soit à l'étranger pendant son éloignement, et de sa position qui le mettait à même d'examiner les plus curieuses collections, et de sa renommée qui lui faisait recevoir de toutes les parties du globe une foule d'objets curieux.

Dirigeant tout le mouvement scientifique de son pays, il fit confier à bon nombre de ses élèves des missions pour les contrées les plus éloignées et les plus riches en productions naturelles ; il eut soin de consigner dans ses ouvrages les noms de ceux d'entre eux qui n'ont pas publié de relations. A d'autres il donnait des sujets de thèses, et indiquait des recherches que le temps ne lui permettait pas de poursuivre ; cette louable émulation entre les disciples de cet illustre maître, a produit des dissertations intéressantes consignées dans les *Amœnitates academicæ.*

Il fut beaucoup plus porté aux découvertes qu'à la discussion, et ne répondit pas aux attaques dont il put être l'objet, même quand elles partirent d'antagonistes tels que Adanson, Buffon et Haller.

Il eut un fils qui lui succéda dans sa chaire et trois filles, dont l'une, Élisabeth-Christine, a fait connaître l'inflammabilité de la vapeur transpirée par quelques plantes.

Les principaux ouvrages de Linné sont :

Hortus Cliffortianus. Leyde, 1736, in-4°.
Philosophia botanica in qua explicantur fundamenta botanica. Stockholm, 1751, in-8°.
On ne pourrait indiquer le nombre d'éditions qu'a eues ce livre ; pendant long-temps il a été l'autorité souveraine en botanique ; et même, après que la méthode naturelle de de Jussieu eut prévalu, il conserva encore toute son influence sur le mode de description.

Entre les deux ouvrages précédens, se placent de petits Traités moins importans, mais où se révèle l'esprit généralisateur du grand naturaliste.

Systema naturæ, seu regna tria naturæ systematice proposita, per classes, ordines, genera et species. Leyde, 1735 (trois tableaux).

Fundamenta botanica quæ majorum operum prodromi instar theoriam scientiæ botanicæ per breves aphorismos tradunt. Amsterdam, 1736, 26 pages.

Bibliotheca botanica recensens libros, plus mille de plantis hoc usque editos, secundum systema autoris naturale. Amst.

Classes plantarum seu systemata plantarum omnia à fructificatione desumpta. Leyde, in-8°, 1738.

Critica botanica in quâ nomina plantarum generica specifica et variantia examini subjiciuntur, etc. Leyde, 1737, in-8°.

Genera plantarum secundùm numerum, figuram, situm et proportionem omnium fructificationis partium. Leyde, 1737, in-8°.

Ce n'est que longtemps après qu'a paru l'énumération des espèces avec les synonymies.

Species plantarum. Stockholm, 1753, 2 vol. in-8°.

Flora laponica. Amsterdam, 1737, in-8°.

Relations de voyages (en suédois), de 1745 à 1751.

Fauna suecica. 1761.

Flora suecica. 1755.

Amœnitates academicæ. De 1749 à 1763, 6 vol.

Et, avec additions par Schreber: Erlang, 1785, 9 vol.

Le *Systema naturæ*, dont nous avons indiqué plus haut la première édition, eut, du vivant de l'auteur, onze autres éditions, dont quatre (1740-1748-1757-1766) offrent de nombreuses additions. Sa classification botanique, encore aujourd'hui la plus universellement répandue, a eu un tel succès, que nous n'avons pas cru devoir nous y arrêter; la classification des autres règnes de la nature, moins connue actuellement, a rendu, selon Cuvier, un service encore plus éminent en zoologie, en ce qu'elle se fondait sur un groupe naturel de caractères.

———————

LISTER (Martin),

Né à Radcliffe (comté de Buckingham), en 1638 ;

Mort à Londres en 1711.

Médecin, naturaliste.

Médecin médiocre, partisan de doctrines erronées, il a laissé en histoire naturelle des ouvrages recommandables par la justesse des vues, et par la sagacité qu'il montra à saisir les rapports naturels. Ses ouvrages ne sont point des compilations ; il avait beaucoup observé par lui-même, et, voulant satisfaire sa passion pour les deux études qu'il préférait, celle des sciences naturelles et celle de l'archéologie, il fit plusieurs voyages dans diverses parties de l'Angleterre et particulièrement dans le nord. En 1698, il suivit le comte de Portland envoyé comme ambassadeur en France par le roi Guillaume. En 1709, il fut nommé médecin en second de la reine Anne.

Les principaux ouvrages qu'il a publiés sur l'histoire naturelle sont :

Historia sive synopsis conchyliorum, libri IV. 1685-93, 2 vol. in-fol.

Les figures, très nombreuses, d'un grand nombre de coquilles, y ont été dessinées par ses filles.

Historiæ animalium Angliæ tres tractatus. In-4°, 1678.

Ces traités sont : sur les araignées, les coquilles terrestres et fluviatiles, et les coquilles marines.

Exercitatio anatomica in quá de cochleis agitur. 1694, in-8°.

Cochlearum limacum exercitatio anatomica, 1695.

Conchyliorum bivalvium utrïusque aquæ exercitatio anatomica. 1695.

MALPIGHI (MARCEL),

Né à Crevalcuore, près Bologne, le 10 mars 1628 ;
Mort à Rome, le 29 novembre 1694.
Anatomiste.

Connu surtout comme médecin et comme anatomiste, Malpighi ne mérite pas moins une place honorable parmi les naturalistes comme un des fondateurs de l'anatomie comparée. Il fut successivement professeur d'anatomie à Bologne, à Pise, à Messine. Enfin, en 1691, le pape Innocent XII l'appela à Rome en le nommant son médecin. Il avait contracté une liaison intime avec le mathématicien Borelli, et l'influence de celui-ci contribua à le porter vers les recherches expérimentales. Quoique ses ouvrages aient éclairé plusieurs points d'anatomie transcendante, on lui reprocha avec raison de s'être laissé aller de temps en temps au delà de ce que permettait l'observation : une de ses principales hypothèses fut d'attribuer à tous les organes une structure glanduleuse ; les mémoires qui se rapportent à l'histoire naturelle sont peut-être ceux où l'auteur a déployé le plus de sagacité, et où il s'est aidé le plus heureusement du microscope.

Il a publié :

Dissertatio epistolica de formatione pulli in ovo. Londres, 1666.

Dissert. epist. de bombyce. Lond., 1669.

Anatome plantarum. Lond., 1675, 2 vol. in-fol.

MATTHIOLE (Pierre-André **MATTIOLI,** connu sous le nom de),
Né à Sienne, le 23 mars 1500;
Mort à Trente en 1577.
Médecin, botaniste.

Nommé docteur à Padoue, il exerça la médecine dans
les villes de Sienne et de Rome; chassé par les
malheurs de la guerre, il se réfugia dans le val Anania,
près de Trente, puis habita Goritz. Dans toutes ces
villes, il acquit une immense réputation; aussi fut-il
appelé à Prague par Ferdinand Ier pour être médecin de
l'archiduc son fils. Dans un âge assez avancé accablé
d'infirmités, il revint à Trente et y mourut de la peste.

L'ouvrage qui a fondé sa réputation et transmis avec
honneur son nom à la postérité, est son *Commentaire*
sur Dioscoride, publié d'abord en italien, puis en latin.
Cet ouvrage, d'une grande érudition, résume tout ce
qu'on savait en botanique à cette époque, et ne manque
point de clarté. L'auteur y ajouta un assez bon nombre
de descriptions qui lui sont propres; mais il adopta
avec une bonhomie surprenante les contes populaires
les plus absurdes, et attribua à certaines plantes les
propriétés les plus fabuleuses.

Commentarii in sex libros Pedacii Dioscoridis. Venise, 1565,
publié par Valghrisi.

MECKEL (Jean-Frédéric),
Né à Halle, en 1781;
Mort dans la même ville le 31 octobre 1833.
Médecin, anatomiste.

Il a soutenu dignement et même agrandi l'illustration d'une famille célèbre dans les sciences médicales.

Cependant il ne se livra point à la pratique médicale et il s'est consacré tout entier à l'étude de l'anatomie comparée, dont personne plus que lui n'a, depuis Cuvier, mieux fait sentir l'importance et plus popularisé l'étude. Professeur d'anatomie et de physiologie à l'université de Halle, il se mit en rapport avec les savans de toute l'Europe dans des voyages scientifiques, auxquels il employait chaque année les mois de vacances. Il a beaucoup augmenté le musée anatomique fondé par son aïeul et continué par son père.

Il a publié :

Traduction allemande de l'Anatomie comparée de Cuvier, Leipzig, 1809-10, 4 vol. in-8º.

Matériaux pour servir à l'étude de l'anatomie comparée. Leipzig, 1812-18, 3 vol. in-8º.

Manuel d'anatomie humaine. Halle, 1815-20, 4 vol. in-8º.

Traduction par MM. Jourdan et Breschet. Paris, 1824, 3 vol. in-8º.

Système d'anatomie comparée. Halle, 1821-25, 2 vol in-8º.

Traduction par MM. Schuster et Alph. Sanson, avec des notes; sous ce titre : *Traité général d'anatomie comparée.* Paris, 1827-38, 10 vol. in-8º

MORISON (Robert),
Né à Aberdeen (Écosse), en 1620;
Mort à Oxford, le 10 novembre 1683.
Médecin, botaniste.

Morison s'était de bonne heure adonné à l'étude des sciences physiques; mais la guerre civile ayant éclaté, il prit les armes pour le roi. La révolution en renversant le trône de Charles Ier força le jeune royaliste, qui avait été dangereusement blessé dans un combat, à se réfugier en France. Il poursuivit ses études dans ce pays et fut, en 1648, reçu docteur en médecine à Angers. Cependant, comme il avait continué à s'occuper spécialement de botanique, il obtint de Gaston d'Orléans la direction des jardins de Blois, qu'il conserva pendant long-temps. Quand Charles II remonta sur le trône, il se rappela Morison qui lui avait été présenté dans une visite faite à Blois, et l'appela en Angleterre avec le double titre de médecin du roi et de professeur royal de botanique. Morison accepta cette position brillante. En 1669, il fut reçu docteur à Oxford; peu après il occupa la chaire de botanique à la même université. Il mourut d'accident, ayant été frappé par le timon d'une voiture en traversant une rue.

Morison acquit une grande réputation en Angleterre par ses cours et par les divers ouvrages qu'il publia. Il fit une étude particulière des fruits et en réunit quinze cents espéces différentes. Il est sans contredit un des botanistes de son époque qui ont le mieux compris l'importance des affinités naturelles, et qui ont le plus insisté sur la nécessité de déterminer les caractères génériques; mais on doit lui reprocher d'avoir méconnu ce qu'il devait à quelques-uns de ses prédécesseurs, surtout à Césalpin, et d'avoir exalté le mérite de sa méthode avec une emphase ridicule. Ses principaux ouvrages sont :

Hortus Blesensis auctus. Londres, 1669, in-8°. — *Plantarum umbelliferarum distributio nova.* Oxford, 1672, in-fol., fig.

Dans cette monographie, il fit ressortir, le premier, le parti qu'on pouvait tirer des stries marquées sur la graine, dans la classification des espèces d'ombellifères.

Histoire universelle des plantes. Oxford, 1680, in-fol., fig., 2ᵉ partie.

La première partie, qui traite des arbres et arbustes, fut publiée en 1699, par Bobart, d'après les idées de Morison.

MULLER (OTHON-FRÉDÉRIC),
Né à Copenhague, en 1730;
Mort en 1784.
Naturaliste.

Son courage et sa persévérance lui firent surmonter les obstacles que faisait naître sa pauvreté; le talent qu'il acquérait lui servait à en acquérir un autre. Il donna des leçons de musique pendant qu'il étudiait la théologie. Ses études terminées, il devint précepteur d'un jeune gentilhomme. Les loisirs de cette position et les conseils de la mère de son élève, femme d'un esprit supérieur, le portèrent à l'étude de la nature. Les ouvrages qu'il publia eurent un tel succès, que bientôt les honneurs vinrent le trouver; mais ayant fait un riche mariage, il renonça à tout emploi pour se livrer uniquement à la science.

Les premiers ouvrages qu'il publia avaient pour objet la botanique; et l'esprit méthodique qu'on y reconnaissait lui valut l'honneur d'être appelé par le roi Frédéric V à continuer la Flore de Danemark, commencée par OEder. Mais ce qui a surtout immortalisé son nom, ce sont ses travaux sur les petits animaux, que dédaignaient alors la plupart des observateurs; c'est ainsi qu'il fit connaître un grand nombre des animaux compris à cette époque sous le nom de vers, et donna des observations curieuses sur leur structure et sur leurs habitudes. Il découvrit aussi un grand nombre d'*animalcules infusoires*, et le premier essaya de les distribuer en genres. Ses écrits sur les *araignées aquatiques* et sur les *mouches* ne sont pas moins remarquables et ont fait connaître une multitude d'êtres dont l'existence même était ignorée. Les principaux ouvrages qu'il a publiés sont :

Sur quelques champignons (en danois). 1763. — *Fauna insectorum friedrichsdaliana*, et *Flora friedrichsdaliana*. 1764 et 1767, 3 vol. in-8°. — *Continuation de la Flore du Danemarck.* Ouvrage magnifique, dont trois volumes avaient paru, de 1761 à 1782 et auquel il en ajouta deux, qui sont inférieurs aux premiers. — *Sur les vers de terre et d'eau douce.* 1773 à 74, 2 vol. in-4° (en allemand). — *Des hydrachnés.* 1781. — *Des entomostracés.* 1785. — *Animaux infusoires.* 1784, in-4°.

Il avait commencé une zoologie danoise, dont quelques cahiers seuls ont paru.

NÉEDHAM (Jean-Turberville),
Né à Londres, en 1713 ;
Mort à Bruxelles, le 30 décembre 1781.
Physicien, naturaliste.

Élevé au collège de Douai, il y professa d'abord la rhétorique, après qu'il eut reçu les ordres sacrés. De là il passa à Lisbonne, revint en Angleterre, fit un voyage à Paris, où Buffon l'accueillit avec distinction et lui confia le soin de répéter les observations qu'il faisait sur les infusoires. Ses observations microscopiques eurent assez de succès pour le faire nommer associé de l'Académie des sciences. Il fut appelé en 1769 à Bruxelles, pour concourir à l'organisation de l'académie fondée en cette ville par l'impératrice Marie-Thérèse, et il en dirigea les travaux jusqu'à sa mort. Il fit faire quelques progrès à l'observation microscopique, mais on doit lui reprocher d'avoir trop généralisé, et de n'avoir pas apporté dans ses descriptions la clarté nécessaire.

Il a publié :

Nouvelles observations microscopiques. Paris, 1750, in-12.

(observations sur le pollen, les animalcules anguilliformes, les œufs de la raie, etc.).

Et dans le Recueil de l'académie de Bruxelles : tom. II., *Observations sur l'histoire naturelle de la fourmi.*

ŒDER (GEORGES-LOUIS),
Né à Anspach en 1728 ;
Mort à Oldenbourg en 1791.
Médecin, botaniste.

Il se fit distinguer à l'école de Gœttingue par l'illustre Haller dont il suivait les leçons, et plus tard, en 1752, sur sa recommandation, il fut appelé à la chaire de botanique à Copenhague. Il entreprit dans le Danemark et la Norvège plusieurs voyages qui le mirent à même de publier une Flore remarquable; mais il quitta bientôt la voie scientifique qui lui promettait de brillans succès. Le ministre Struensée l'entraîna vers la politique, et désormais il s'occupa de finances, non sans quelque réputation. Ceux de ses ouvrages qui se rapportent à l'histoire naturelle sont :

Icones plantarum quæ in regnis Daniæ et Norvegiæ, etc., sponte nascuntur, ad illustrandum opus cui titulus Flora Danica, jussu regis susceptum, 9 vol. in-fol. Copenhague, 1762-1814.

Il n'en publia lui-même que les trois premiers volumes. Les plantes n'y sont point rangées méthodiquement; on y trouve 1620 figures dessinées avec exactitude et élégance. Muller ajouta le 4ᵉ et le 5ᵉ volume. Wahl, puis Hornemann terminèrent l'ouvrage.

Elementa botanica. Copenhague, 1762, 2 vol. in-8º.

Nomenclator botanicus. Copenhague, 1769, 8º.

Enumeratio plantarum Floræ danicæ. Copenhague, 1770, 8º.

OLIVIER (Guillaume-Antoine),
Né aux Arcs près de Fréjus, le 19 janvier 1756;
Mort à Lyon, le 1er octobre 1814.
Voyageur, entomologiste.

Doué d'une heureuse facilité et reçu docteur en médecine de la faculté de Montpellier à l'âge de dix-sept ans, Olivier ne put se contenter de la bourgade obscure où il commençait la pratique; il vint de bonne heure à Paris où Broussonnet le fit choisir par l'intendance de Paris pour rédiger l'énumération des productions naturelles de la Généralité de Paris. Plusieurs mémoires qu'il publia sur l'entomologie et sur la culture de l'olivier commencèrent sa réputation. Un receveur-général des finances, Gigot d'Orcy, lui confia le riche cabinet d'histoire naturelle qu'il possédait, et le fit voyager en Hollande et en Angleterre pour le compléter. La révolution vint lui ravir ces paisibles occupations. Aussi accepta-t-il avec empressement l'offre que lui fit le ministre Roland de partir pour la Perse avec Burguière, tant pour explorer ces contrées que pour essayer d'y former des relations avantageuses au commerce de la France. La mort du ministre qui les avait envoyés priva bientôt ces savans des secours qu'on leur avait promis. Ils n'en continuèrent pas moins, et à leurs propres frais, ce périlleux voyage. Après avoir visité les côtes de l'Anatolie, quelques îles de l'Archipel, Alexandrie, ils se dirigèrent vers Téhéran où ils furent bien accueillis. Leur retour fut encore accompagné de plus de dangers et de fatigues; Burguière y succomba; Olivier revint seul plus de six ans après son départ, rapportant de nombreuses collections. Il s'occupa alors de la publication de son voyage et d'entomologie, et fut nommé membre de l'Institut en 1800. La considération qui l'entourait, une fortune modeste, une constitution robuste semblaient lui promettre une existence longue et heureuse; mais après avoir langui pendant quelque temps, il mourut subitement par rupture d'un anévrisme de l'aorte, à l'âge de cinquante-huit ans. On a de lui :

Entomologie, ou Histoire naturelle des coléoptères. 1789-1809, 6 vol. in-4°. — *Histoire naturelle des insectes,* dans l'Encyclopédie méthodique. 1789-1825, 9 vol. in-4°. — *Voyage dans l'empire ottoman, l'Égypte et la Perse.* 1801-1807, 3 vol. in-4°, et atlas.

Et plusieurs *Mémoires* dans les Mémoires de l'Institut et de la Société d'agriculture, le Journal d'Histoire naturelle, les Actes de la Société d'histoire naturelle de Paris.

PALLAS (Pierre-Simon),
Né à Berlin, le 22 septembre 1741 ;
Mort dans la même ville le 8 septembre 1811.
Voyageur, naturaliste.

Il montra dès son enfance la plus grande facilité à apprendre les langues et un goût prononcé pour l'étude de l'histoire naturelle. Cependant son père, chirurgien estimé, qui le destinait à la profession médicale, l'avait envoyé à Leyde suivre les leçons des Gaubius et des Albinus. La vue des superbes collections déjà formées en Hollande et en Angleterre accrut encore sa passion pour les découvertes scientifiques, et il s'y consacra tout entier. Déjà deux ouvrages distingués le plaçaient au premier rang des naturalistes; mais n'ayant point obtenu dans son pays les encouragemens qui lui étaient dus, il accepta une place que Catherine II lui offrit à l'Académie de Saint-Pétersbourg. Bientôt fut résolue une seconde expédition pour observer en Sibérie le passage de Vénus sur le soleil, comme on l'avait déjà fait en 1763. Pallas fut au nombre des cinq naturalistes qui accompagnèrent les astronomes; il partit au mois de juin 1768, s'enfonça dans les plaines qu'arrose le Volga, visita les bords de la mer Caspienne, et parcourut les monts Ourals, étudiant les nombreuses mines de fer qui s'y rencontrent; puis s'enfonçant de plus en plus vers l'est, il arriva jusque sur les confins de la Chine. A son retour, il vit Astrakan, se mêla aux populations nomades dont cette ville est le rendez-vous général, et s'approcha du Caucase. Il était de retour à Saint-Pétersbourg en juillet 1774. Mais quels changemens ces six années avaient apportés en lui! Ses cheveux avaient blanchi, sa vue était altérée, son corps épuisé; et cependant il était le moins maltraité et le seul en état de donner une relation de ce voyage.

Du reste, l'impératrice le récompensa noblement. Il fut nommé historiographe de l'amirauté et chargé de donner des leçons d'histoire naturelle au grand-duc Alexandre, qui depuis fut empereur; il fut comblé de titres et de décorations. Mais ses forces s'étaient refaites et le long repos dont il jouissait lui était devenu insupportable; l'affluence de visiteurs étrangers qui se pressaient dans sa maison lui faisait regretter les solitudes où il avait passé tant d'années. Il profita de l'envahissement de la Crimée pour visiter ces nouvelles contrées (1793-94). Il fit un tel éloge de la Tauride, manifesta si vivement le désir de l'habiter, que l'impératrice, toujours généreuse à son égard, lui fit don de deux villages situés dans le plus riche canton de la presqu'île. Il y passa quinze ans; mais sans trouver le bonheur qu'il avait rêvé et qui n'était point fait pour son âme inquiète. Ses regards se tournaient sans cesse vers cette Europe dont les éloges arrivaient jusqu'à lui. Ne pouvant vaincre l'ennui qui le tourmentait, il vendit ses terres à vil prix, et revint dans sa patrie après quarante-deux années d'exil volontaire. Y eût-il été plus heureux? On peut en douter, puisqu'il projetait encore de nouveaux voyages en France et en Italie; mais la mort ne lui en laissa point le temps, et il succomba une année à peine après son retour, emporté par la dyssenterie dont il avait eu de nombreuses atteintes.

Personne n'a bravé avec plus de courage que Pallas les fatigues d'un voyage scientifique. Personne n'y a porté plus loin l'esprit d'observation; sa vie tout entière fut consacrée à la science; s'il lui dut sa gloire et sa fortune, il s'en montra digne par la générosité de son caractère, et par l'accueil bienveillant qu'il ne cessa de faire à tous ceux qui l'approchaient. Nous citerons de lui :

Elenchus zoophytorum. La Haye, 1766. — *Miscellanea zoologica.* 1766. *Ibidem.* — *Voyage dans différentes provinces de l'empire russe* (en allemand). St-Pétersb., 1771-1776, 3 vol. Traduit en français, 1788-93, 5 vol. in-4° et, 1794, 8 vol. in-8°. — *Observations sur la formation des montagnes et les changements arrivés à notre globe* (en français). St-Pétersb., 1777, in-8°.

Cet ouvrage, selon Cuvier, a donné naissance à la nouvelle géologie; c'est là que se trouve établie, pour la première fois, la succession des trois ordres primitifs de montagnes, les granitiques au milieu, les schisteuses à leurs côtés, et les calcaires en dehors.

Novæ species quadrupedum e glirium ordine cum illustrationibus variis complurium ex hoc ordine animalium. Erlangen, 1784, in-4°.

Nouveaux essais sur le Nord, pour servir à la géographie physique, à l'ethnographie, à l'histoire naturelle et à l'économie domestique. St-Pétersb., 1781-96, 7 vol. in-8°.

Flora rossica, seu stirpium imperii rossici per Europam et

Asiam indigenarum descriptiones et icones. St–Pétersb., 1784-85, 2 vol. in-fol. Ouvrage non terminé.

De plus, un grand nombre de *Mémoires* dans les Acta naturæ curiosorum et commentarii petropolitani novi.

On consultera avec avantage, sur ses travaux, l'éloge que Cuvier a prononcé dans la séance de l'Institut du 5 janvier 1813.

PATRIN (Eugène-Louis-Melchior),
Né à Morman près Lyon le 3 avril 1742;
Mort à St-Vallier en 1815.
Minéralogiste.

Voici encore un missionnaire de la science, qui, entouré de la considération que donnent les premiers succès, jouissant d'une fortune suffisante, abandonne ces avantages pour aller dans des contrées sauvages, inconnues, vérifier les hypothèses émises par quelques-uns de ces savans qui ne sortent point de leur cabinet, et faire des découvertes au péril de sa vie. Après avoir parcouru l'Allemagne, la Bohême, la Hongrie, la Pologne, il pénétra en Russie, reçut un accueil amical de Pallas, et obtint un guide pour s'aventurer dans la Sibérie, sous condition de faire passer à l'académie de Saint-Pétersbourg des échantillons de minéraux. Huit ans il erre dans l'Asie septentrionale, depuis les monts Ourals jusqu'au-delà du méridien de Pékin, supportant avec un admirable courage les privations, les fatigues et les dangers de toute espèce, dans le seul espoir de servir la science. Revenu en France au bout de dix ans, il n'obtint que long-temps après un lieu où il pût déposer sa collection de minéraux, la plus considérable qui existât alors. Le Muséum n'avait point de place; enfin l'École des Mines, lors de sa création, s'empressa d'accepter Patrin et ses minéraux. Il y fut nommé bibliothécaire. On lui a reproché avec raison de s'être laissé aller trop facilement aux théories, et d'avoir substitué aux hypothèses anciennes qu'il dédaignait des hypothèses aussi incertaines. Il a publié :

Relation d'un voyage aux monts d'Altaï en Sibérie. Saint-Pétersb., 1783, in-8°. — *Histoire naturelle des minéraux.* Paris, 1801, 5 vol. in-18.

PENNANT (Thomas),
Né le 14 juin 1726, à Downing (comté de Flint);
Mort le 16 décembre 1798.
Naturaliste.

Naturaliste, voyageur, littérateur, Pennant, sans se placer au premier rang dans aucun genre, a publié des livres utiles en histoire naturelle, des voyages faits par lui dans l'intérieur de l'Angleterre et de l'Ecosse, d'autres voyages fictifs où il ne faisait qu'arranger les récits des voyageurs. Il fut en relation avec Buffon et Pallas. Ses ouvrages d'histoire naturelle sont plutôt des compilations assez méthodiques que des travaux originaux ; les descriptions sont courtes et sèches, mais il y fait entrer un assez bon nombre d'espèces ignorées de Buffon. Il a publié :

Zoologie britannique. 1761 ; 2ᵉ édit. 1768, 4 vol. in-8°. — *Histoire des quadrupèdes.* 1781, 2 vol. in-4°. — *Zoologie arctique.* 1784-85-87, 3 vol. in-4°.

PÉRON (François),
Né le 22 août 1775, à Cérilly (Allier);
Mort dans la même ville le 14 décembre 1810.
Voyageur, naturaliste.

Entraîné par un noble élan, le jeune Péron, à dix-sept ans, s'était enrôlé volontairement dans un de ces bataillons qui couraient à la frontière repousser les armées prussiennes. Bientôt, au combat de Kaïserlautern, il fut blessé et fait prisonnier. Près de deux années qu'il passa en captivité à Magdebourg servirent à son instruction. Il employa le peu d'argent qu'il avait conservé à se procurer des livres d'histoire et de voyage, et les lut avec avidité. Échangé en 1794 et réformé, parce qu'il avait perdu un œil par suite de ses blessures, il entreprit, au profit de la science, une suite de campagnes non moins périlleuses. Le gouvernement avait ordonné une expédition aux terres australes. Mais le nombre des savans qui devaient en faire partie était complet; Péron, par ses pressantes sollicitations et par un mémoire qu'il présenta à l'Institut, y fut admis comme adjoint, chargé spécialement de l'histoire de l'espèce humaine. Mais cette délimitation ne suffisait point à l'ardeur de Péron. De l'année 1800 à 1804, il ne cessa pendant ce long voyage de circumnavigation de faire des observations multipliées sur la température de la mer, sur la météorologie; il rassembla les collections les plus complètes de mollusques et de zoophytes qui eussent jamais été faites. Les naturalistes qui l'accompagnaient avaient abandonné leurs travaux par fatigue ou étaient morts; seul il suffisait à tout. Il se mettait en rapport avec les races sauvages aussi souvent qu'il le pouvait, et séjournait même quelque temps au milieu d'elles. Enfin il arriva en France, rapportant plus de cent mille échantillons d'animaux, dont deux mille cinq cents espèces nouvelles. Il s'agissait de mettre au jour la relation de ses voyages, mais il ne put en publier que la première partie; les forces lui manquèrent. La fatigue avait déposé dans sa poitrine les germes d'une phthisie pulmonaire, qui fit de lents, mais trop sûrs progrès. La maladie ne détourna point ses pensées de leur cours habituel : on lui avait conseillé de passer l'hiver à Nice, il y fit encore une collection des plus précieuses. On a de lui :

Observations sur l'anthropologie. Paris, an VIII. — *Voyage de découvertes aux Terres-Australes.* Paris, 1807 à 1816, 3 vol. in-4°. Le troisième volume est de M. de Fraycinet. — *Deux Notices sur les méduses.*

Il a laissé des manuscrits sur l'histoire des peuplades qu'il avait visitées.

<hr>

PLINE L'ANCIEN (Caius-Plinius-Secundus),
Né sous Tibère, l'an 23, soit à Côme, soit à Vérone;
Mort en 79, près de Stabia.

Il commença par servir d'une manière distinguée dans l'armée romaine en Germanie, et parcourut ce pays jusqu'aux sources du Danube. Il revint à Rome vers l'âge de trente ans, et y parut avec assez d'éclat au barreau. Envoyé en Espagne comme procurateur, il quitta cette province lors de l'avénement de Vespasien. Cet empereur, qui l'avait déjà connu en Germanie, l'honorait de son amitié; Pline lui dédia son histoire naturelle. Il commandait la flotte chargée de garder les côtes de la Méditerranée, lorsque arriva la fameuse éruption du Vésuve, qui, sous la première année du règne de Titus, engloutit les villes d'Herculanum et de Pompéïa. Il s'approcha du lieu du désastre pour examiner le phénomène et porter les secours nécessaires sur les divers points de la côte. Il était descendu à Stabia; des secousses répétées de tremblement de terre, une pluie continuelle de cendres et de pierres, chassaient tous les habitants. Il ne put se retirer à temps et périt suffoqué par la poussière et les exhalaisons sulfureuses.

Pline avait écrit sur divers sujets, l'art militaire, l'éloquence, la grammaire. Il ne nous reste que son *Histoire naturelle*, ouvrage immense, pour lequel il avait consulté plus de deux mille volumes, et qui est pour les modernes un des plus riches dépôts de la langue latine. On peut admirer la patience qui rassembla et coordonna un aussi grand nombre d'extraits, le style brillant qui anime les descriptions, l'originalité des saillies d'un esprit frondeur et chagrin, l'habitude philosophique de mettre sans cesse l'homme en rapport avec la nature; mais ces qualités ne suffisent point pour faire ranger Pline parmi les grands naturalistes. Il lut beaucoup plus qu'il n'observa; ayant presque continuellement à ses côtés un lecteur qu'il écoutait, un copiste auquel il dictait des notes, pouvait-il donner beaucoup de temps à la méditation personnelle? Il acceptait tous les livres bons ou mauvais : car, disait-il, il n'en est aucun qui ne puisse nous apprendre quelque chose. Aussi, avec quelle facilité il copie les rapports les plus étranges, les mensonges les plus effrontés de prétendus voyageurs! Que lui importe qu'un récit soit absurde, s'il lui fournit l'occasion de quelque réflexion décourageante contre l'homme et la divinité. En effet, les livres de Pline ne sont plus empreints de ce caractère religieux qui distingue la plupart des bons écrits de l'antiquité. A vivre sous les Tibère, les Caligula, les Néron, il se prit à douter de la Providence; Dieu et la nature sont devenus pour lui synonymes, et de sa hauteur philosophique il croit pouvoir les régenter. Toutefois la noblesse et la gravité de ses sentimens son amour pour la justice, son horreur pour la corruption et la cruauté, commandent l'estime, et son livre n'en reste pas moins un des monumens les plus curieux de l'antiquité.

Les principales éditions de Pline sont celles de Jacques Dalechamp, en 1587, in-fol.; de Jean Hardouin, en 1685, 5 vol. in-4°; en 1723, 3 vol. in-fol. de Franzius, 10 vol. in-8 Leipzig. 1778-79 où l'on a conservé les notes de Hardouin, en y joignant un choix de celles de plusieurs autres éditeurs.

On consultera avec avantage les *Disquisitiones Plinianæ*, de Latour-Rezzonico. Parme, 1763, 2 vol. f.

La meilleure traduction française est celle de M. Gueroult; mais elle ne porte que sur des morceaux choisis. 2 vol., 1802.

RAY ou plutôt **WRAY** (JEAN);
Né à Black-Notley (comté d'Essex), le 29 novembre 1628;
Mort le 17 janvier 1705.
Théologien, naturaliste.

Élevé au collège de Cambridge, où il avait obtenu une bourse, il eut assez de succès pour être chargé de professer à la fois les mathématiques et les humanités; mais tous les momens que lui laissaient ses fonctions de professeur et de pasteur étaient employés à l'étude de l'histoire naturelle, et surtout de la botanique. Lorsque, après la restauration de Charles II, tous les ecclésiastiques durent souscrire à certaines propositions, qui avaient pour but d'écarter les presbytériens, Ray, quoique dévoué à la religion anglicane, préféra perdre sa place de Cambridge que de prêter un serment attentatoire à la liberté religieuse. Un jeune gentilhomme anglais, Willougby, vint à son secours dans cette position embarrassante et lui proposa de voyager avec lui. Trois années furent employées à parcourir l'Angleterre, la France, l'Allemagne et l'Italie. Les matériaux qu'il avait disposés pendant ce temps lui permirent de publier, en se servant des travaux de Césalpin et de Jungius, sa *Plantarum methodus nova*, Lond., 1682, in-8. Les plantes y étaient partagées en ligneuses et en herbacées, puis divisées dans un ordre dichotomique. Il n'accordait le bourgeon qu'aux arbres, mais il annonçait que ces bourgeons étaient de nouvelles plantes annuelles, destinées à recouvrir les anciennes.

Un nouvel ouvrage qu'il fit paraître en 1694, *Stirpium europæarum extra Britannias crescentium sylloge*, présenta une esquisse curieuse de la géographie botanique en Europe. L'auteur y admet le sexe des plantes, déjà découvert par Grew. Dans une nouvelle édition de sa *Méthode* il commença à moins s'éloigner des idées de Tournefort, qu'il avait d'abord repoussées, mais avec une modération et des égards dignes d'être remarqués dans ce siècle disputeur. Son ouvrage le plus important de botanique est son *Histoire générale des plantes*, 3 vol. in-fol. de 1688 à 1704, livre cependant plutôt remarquable par l'immense travail qu'il a exigé, que par l'originalité des découvertes. On y trouve l'histoire la plus complète des travaux faits en physiologie végétale jusqu'à l'époque où il écrivait.

Ces travaux eussent suffi pour illustrer le savant anglais; mais il ne s'est pas rendu moins célèbre par ses livres sur la zoologie. Il y fut conduit par un sentiment de générosité; il s'agissait de publier les notes de son ami Willougby, qui, dans leur voyage commun, s'était surtout occupé de zoologie. Ray publia ces travaux sous le nom de son ami, quoiqu'il pût en réclamer une bonne part, et on vit paraître successivement l'*Ornithologie*, 1676, in-fol.; l'*Histoire des poissons*, 1686, 2 vol.; l'*Histoire des insectes*, 1710, ouvrage posthume.

RÉAUMUR (René-Antoine FERCHAULT de),
Né à La Rochelle, en 1683;
Mort au château de la Bermondière, dans le Maine, en 1757.
Naturaliste, physicien.

La passion pour les sciences éclata chez lui de bonne heure; il se prépara aux études de physique et d'histoire naturelle par une onnaissance approfondie des mathématiques. A l'âge de vingt ans, il vint à Paris, se mit en rapport avec les savans, et, sur quelques mémoires de géométrie, fut admis quatre ans plus tard à l'Académie des sciences. Maître d'une fortune indépendante, il travaillait avec une ardeur que rien n'égale, et, pendant près de cinquante ans, il ne s'écoula pas une année sans qu'il publiât quelque mémoire ou quelque ouvrage d'un haut intérêt. Réaumur s'était chargé de concourir à la description des arts et métiers, à laquelle l'Académie travaillait. Il ne se contenta point d'une simple description, il s'appliqua constamment à trouver des moyens de perfectionnement fondés sur l'application de principes tirés de l'histoire naturelle et de la physique. C'est ainsi qu'examinant les procédés par lesquels on colore les fausses perles, il étudia la substance singulière qui donne de l'éclat aux écailles des poissons, et rechercha les moyens d'accroître cette matière colorante. Il n'est pas jusqu'aux fils de l'araignée dont il n'ait cherché à tirer parti. En physique, nul nom ne se trouva plus populaire que le sien par l'invention du thermomètre divisé en quatre-vingts degrés. Mais, parmi ses innombrables travaux, ceux qui offrent le plus d'originalité et peuvent passer pour des chefs-d'œuvre d'observation fine et exacte, sont sans contredit ceux qui se rapportent à l'histoire naturelle. Il avait commencé par des études sur un grand nombre de coquillages, sur les étoiles de mer, sur la reproduction des pattes des écrevisses, sur la torpille, sur la phosphorescence de certains coquillages ; après tant de remarques nouvelles, son génie, infini comme la nature, s'attache aux insectes, les surprend dans toutes les variétés de leurs instincts, et produit un ouvrage où la vérité présente tout le charme de la fiction. Cet ouvrage est intitulé :

Mémoires pour servir à l'histoire des insectes. 6 vol. in-4°, de 1734 à 1742.

La mort ne permit à l'auteur que d'en publier six volumes : il ne s'y trouve rien sur les orthoptères ni sur les coléoptères.

Pour ses autres Mémoires, voir les Mémoires de l'Académie des sciences, de 1711 à 1752.

RÉDI (FRANÇOIS),
Né à Arezzo, le 18 février 1626 ;
Mort à Pise, le 1er mars 1697.
Médecin, naturaliste.

Il fit ses études à Pise, et y prit ses grades ; mais c'est à Florence qu'il pratiqua la médecine avec beaucoup de succès. Nommé archiàtre du grand-duc de Toscane, tout en remplissant les devoirs de sa charge, il cultivait les lettres, la poésie et se livrait à un grand nombre d'expériences physiques. Il communiquait ses découvertes à l'académie *del cimento* et les répétait en présence de ses confrères, dont il écoutait les avis ; sa douceur, son inépuisable bienveillance, lui attirèrent un grand nombre d'amis.

Quelques attaques d'épilepsie vinrent attrister la fin de sa vie, sans diminuer son ardeur pour l'étude. Il s'était rendu à Pise pour y trouver du repos et un air plus pur ; il y mourut subitement. Rédi est un des savans du dix-septième siècle qui ont le plus travaillé à ramener les esprits vers l'observation. Comme littérateur, il s'est distingué par la pureté de son style et par sa répulsion contre le mauvais goût de son époque.

Ses études en histoire naturelle ont porté spécialement sur les insectes ; il a démontré, contrairement à l'opinion reçue, qu'aucun d'eux n'était reproduit par la pourriture ; il a aussi, par des expériences, prouvé que le venin de la vipère morte, introduit dans le sang peut produire des accidens mortels. On a de lui :

Osservazioni intorno alla vipera. Florence, 1664, in-4°.

Esperienze intorno alla generazione degl'insetti. 1668, in-4°.

Osservazioni intorno agli animali viventi che si trovano negli animali viventi. 1684, in-4°.

Ses *Observations d'histoire naturelle* ont été traduites en latin. Amsterdam, 1670-88, 3 vol. in-12 ; Leyde, 1729.

RHEEDE (Henri-Adrien Draakenstein van), Hollandais, du xviie siècle : on ignore le lieu et la date de sa naissance. **Botaniste**.

S'élevant de grade en grade, il était devenu gouverneur-général de la côte du Malabar. En parcourant les provinces qui lui étaient confiées il fut frappé d'admiration à la vue de cette nature végétale si riche, si variée dans ses formes, ses productions, ses usages, il entreprit de la faire connaître à l'Europe. Avec des frais immenses qui absorbèrent la plus grande partie de sa fortune, il recueillit de nombreux échantillons de plantes, en fit dessiner un grand nombre dans de grandes proportions, intéressa à son entreprise des jeunes gens auxquels il faisait partager sa passion, et vint à bout d'un ouvrage qui eut le mérite de révéler pour la première fois l'existence de plantes encore inconnues. Une qualité de Rheede, qu'on ne doit point laisser ignorer, fut sa bonne foi envers ses collaborateurs. Ame de l'ouvrage, il ne cesse de rendre justice à ceux qui l'ont aidé de leur travail et de leurs lumières. Le résultat de cette communauté de travaux fut:

Hortus Malabaricus. 12 vol. in-fol. publiés de 1678 à 1703, avec 794 planches.

RICHARD (Louis-Claude-Marie),
Né à Versailles, le 4 septembre 1754;
Mort à Paris, le 7 juin 1821.
Botaniste.

Les premiers mots que Richard bégaya furent des noms de plantes. Son père était jardinier du roi à Auteuil, son oncle avait la direction du jardin de Trianon. C'est là surtout que le jeune Richard, placé au collège de Versailles, passait ses jours de récréation à examiner des plantes; à l'âge de onze ans il avait formé un herbier. Son intelligence avait été remarquée : on voulut lui faire suivre la carrière ecclésiastique. Pour échapper aux obsessions dont il était l'objet, il s'enfuit à Paris, et là, au milieu des privations les plus cruelles, suivit les cours de rhétorique et de philosophie au collège Mazarin.

Cependant le dessin, auquel il s'était appliqué dès son enfance, et dans lequel il avait atteint un talent distingué, lui devint une ressource précieuse dont il tira bon parti, mais sans discontinuer ses études en histoire naturelle. Toutes les parties l'occupaient également; car depuis long-temps il nourrissait le projet d'un voyage scientifique. En 1781, l'Académie des sciences, à laquelle il avait présenté plusieurs mémoires remarqués par Bernard de Jussieu, le proposa au roi pour un voyage dans la Guyane française et aux Antilles. Richard entreprit ce voyage avec une ardeur inexprimable, avec une richesse de connaissances qu'aucun naturaliste n'avait réunie à un si haut degré. On le vit à la fois zoologiste, botaniste et minéralogiste, augmenter chaque jour ses collections, en bravant les périls de toute espèce, et en dépensant ses propres fonds. Enfin, les économies qu'il avait acquises avec tant de peine pour accomplir ce voyage étaient épuisées, et la France menacée par la tourmente révolutionnaire ne songeait guère au pauvre savant. Il fallut revenir en 1789, et l'indifférence l'accueillit; nul dédommagement pour ses dépenses, nulle récompense pour ses fatigues. S'étonnera-t-on qu'il en ait ressenti un vif chagrin et que son caractère en ait été profondément aigri?

Il vécut dans la retraite la plus profonde, au milieu de sa famille, s'occupant toujours de botanique et composant une suite de dessins fort remarquables sur l'analyse des plantes.

Cependant, au retour de la tranquillité, il obtint la chaire de botanique à l'École de médecine, et s'y fit remarquer par son talent d'exposition et son zèle à guider les élèves dans les herborisations. Il n'y renonça que quand le mauvais état de sa santé l'eut condamné au repos.

Richard, homme d'observation, n'a composé qu'un petit nombre d'ouvrages; mais il a grandement influé sur la marche de la science par la sévérité de ses analyses et sa persévérance à examiner les organisations les plus compliquées. Il a laissé un nombre prodigieux de matériaux inédits.

Son ouvrage le plus important est:

L'Analyse du fruit considéré en général. 1808. — Ce livre, par sa concision et le grand nombre de faits qu'il renferme, est d'une lecture difficile.

Plusieurs *Mémoires* sur *les hydrocharidées,* 1811; *les butomées, les calycérées, les balanophores,* etc.

Extrait d'une *instruction pour les voyageurs naturalistes* (Act. de la Soc. d'hist. nat.).

RIVINUS (Auguste-Quirin),
Né à Leipzig, le 9 décembre 1652;
Mort le 30 décembre 1723.
Médecin, botaniste.

Le troisième des neuf fils de André Rivinus, médecin philologue. Le nom de cette famille était Bachmann ; André, selon l'usage du temps, l'avait transformé en un nom latin. Auguste Rivinus perdit son père à l'âge de quatre ans ; mais il dut une brillante éducation à la munificence de l'électeur de Saxe, son souverain. Nommé professeur à l'université de Leipzig en 1691, il occupa les chaires de physiologie, de matière médicale, de chimie et de botanique. Ses nombreuses occupations l'empêchèrent peut-être de publier aucun ouvrage étendu sur les sujets qu'il était appelé à professer. Mais ses idées méthodiques en classification, ont placé son nom parmi ceux des botanistes célèbres. C'est à un ouvrage de quelques pages qu'il doit sa réputation : *Introductio generalis ad rem herbariam.* Leipzig, 1690, in-fol. C'est là qu'il établit la nécessité de perfectionner la nomenclature, et la meilleure marche qu'on doit suivre pour déterminer le nom de chaque plante : il veut qu'on applique le même nom aux plantes qui se ressemblent dans la fleur et le fruit. Ce sont là les deux bases qui donnent à sa méthode une simplicité qu'on n'était point accoutumé à rencontrer dans les auteurs qui l'ont précédé. A l'appui de sa méthode, il publia plusieurs spécimens dont le premier porte sur certaines plantes à fleurs irrégulières. La bibliothèque qu'il rassembla fut la plus riche en livres de botanique qu'on eût vue jusqu'alors.

On a une collection de toutes ses dissertations académiques ou médicales, au nombre de quarante-sept. Dans une de ces thèses, soutenue en 1722, la démangeaison que produit la gale est attribuée à une espèce de ciron ; en 1679, il décrivit deux nouveaux canaux excréteurs des glandes sublinguales, placés au-dessus des canaux excréteurs de Warthon.

Linné lui dédia, comme au plus *florissant* botaniste de son temps, un arbuste toujours vert, de la famille des Atriplicées , sous le nom de *Rivina*.

ROMÉ DE LISLE (Jean-Baptiste-Louis),
Né à Gray (Haute-Saône) en 1736 ;
Mort à Paris, en 1790.
Physicien, minéralogiste.

Il avait été envoyé dans l'Inde comme secrétaire d'une compagnie d'artillerie. Fait prisonnier par les Anglais à la prise de Pondichéry, il employa le temps de sa captivité à observer , et, dans les voyages qu'il fit à leur suite, acquit des notions d'histoire naturelle. Revenu en France, il consacra tout son temps à l'étude de la minéralogie. Un des premiers il cessa de regarder les formes régulières comme des jeux du hasard, il s'appliqua à tirer de ces formes toujours les mêmes des caractères distinctifs, il les mesura mécaniquement et fit reconnaître que certains de leurs angles ont une mesure constante. Mais il s'arrêta aux surfaces, et mourut sans avoir voulu comprendre l'importance de la découverte de Haüy qu'il appelait un *crystalloclaste*. Ses travaux, qui méritaient l'estime, furent appréciés par les étrangers et méconnus en France ; on le repoussa de l'Académie des sciences, et il passa sa vie dans un état de gêne, qui eût été de la misère sans le secours de quelques amis généreux. Il contribua à la rédaction du catalogue des collections de Davila.

Outre un assez grand nombre de mémoires dans le *Journal de Physique*, il publia un ouvrage qui contribua aux progrès de la minéralogie :

Cristallographie ou *Description des formes propres à tous les*

*corps du règne minéral dans l'état de combinaison saline,
pierreuse ou métallique.* 1783, 4 vol. in-8°.

RONDELET (Guillaume),
Né à Montpellier, le 27 septembre 1509;
Mort à Réalmont (Tarn) en 1566.
Médecin, naturaliste.

Il avait commencé à vingt-deux ans par exercer la
médecine au Pertuis en Provence, mais il n'y avait obtenu aucun succès, et semblait même obligé de renoncer
à une profession qui ne pouvait le faire vivre, lorsqu'il
revint à Montpellier, y gagna quelques protecteurs et
finit par obtenir une chaire de médecine à l'université.
Attaché au cardinal de Tournon en qualité de médecin,
il suivit ce prélat dans ses missions en France, dans les
Pays-Bas et en Italie, et utilisa ses voyages au profit de
l'histoire naturelle, dont il s'était toujours occupé. De
retour à Montpellier en 1551, il partagea son temps
entre la pratique et l'enseignement de l'anatomie. Rondelet fut célèbre dans son temps comme médecin; il
serait ignoré aujourd'hui sans son *Histoire des Poissons,*
la meilleure et la plus complète de celles qui parurent
à la renaissance des sciences et des lettres. Belon venait
de publier son *Traité des poissons* et Salviani fit paraître
son *Ichthyologie* la même année. Rondelet a publié :

De piscibus marinis; lib. XVIII, 1554.
Universæ aquatilium historiæ pars altera. 1555.

SAUSSURE (Horace-Bénédict de),
Né à Genève, le 17 février 1740;
Mort le 22 janvier 1799.
Physicien, naturaliste.

Élevé par une mère éclairée, qui s'occupait autant de
perfectionner son esprit que son corps, Saussure, aux
connaissances les plus étendues et les plus variées, joi-

gnit une constitution robuste , endurcie aux fatigues et aux privations. Neveu de Charles Bonnet, accueilli par Haller, il contracta dans ces relations habituelles le goût de l'histoire naturelle, et publia, en 1762, des *Observations sur l'écorce des feuilles et des pétales.* Chose remarquable! après de nombreux travaux sur la physique et la géologie, il revint encore à la botanique, et, quelques mois avant sa mort, il lut à la société académique de Genève un mémoire *sur la direction constante des racines et des tiges dans les plantes qui germent.* Mais sans parler de ses travaux de physique où il créa une science toute nouvelle, l'hygrométrie, ses plus beaux titres à la gloire sont ses considérations sur la structure des hautes montagnes ; c'est vers ce but que se dirigèrent presque toutes ses études et ses nombreuses excursions. Saussure ouvrit une nouvelle voie à la minéralogie, et fit connaître une quinzaine de minéraux qui avaient échappé jusqu'alors. Il parcourut les principales montagnes du centre de l'Europe, celles de l'Italie et de la Sicile. Mais les Alpes furent le principal théâtre de ses recherches ; il les traversa quatorze fois par huit passages différens, et il atteignit, dans une entreprise à jamais célèbre, le sommet du Mont-Blanc.

Cependant il s'occupa plus d'observations isolées, mais bien faites, que de systèmes fort hasardeux et si à la mode de son temps : c'est à lui qu'on doit les premières idées saines sur la formation et la succession des couches terrestres; c'est lui en un mot qui a posé les bases actuelles de la géologie. Il a publié :

Voyage dans les Alpes. 4 vol., de 1779 à 1796. — *Lettre sur des dents d'éléphans trouvées près de Genève* (Biblioth. brit., t. I). — *Observations sur les collines volcaniques du Brisgau* (Journal de Phys., 1794).

SCHMIDEL ou **SCHMIEDEL** (CASIMIR-CHRISTOPHE),
Né à Baireuth, le 21 novembre 1718 ;
Mort à Anspach, le 18 décembre 1792.
Médecin, naturaliste.

Il fut professeur de médecine pendant vingt ans à l'université d'Erlangen. Ses ouvrages de médecine sont oubliés ; il n'en est point de même de ses ouvrages sur l'histoire naturelle, dans lesquels il fit preuve d'une observation exacte et rigoureuse. Les plantes cryptogames fixèrent particulièrement son observation, et c'est lui qui découvrit leurs organes de fructification. Ses principaux ouvrages sont :

Icones plantarum et analyses partium œri incisœ atque vivis coloribus insignitœ. Nuremberg, 1747-59 et 1782-96, in-f. — *Fossilium metalla, et res metallicas concernentium glebœ suis coloribus expressœ.* 1762, in-4°. — *Dissert. bot. org.* Erlangen, 1784. — *Instituti mineralogici, botanici et hist. arg. curâ J. C. B. Schreiber.* Erlanger, 1794, in-4°.

SCHNEIDER (JEAN-GOTTLOB),
Né le 18 janvier 1750, à Kolm, près de Hubertzbourg ;
Mort à Breslau, le 13 janvier 1822.
Philologue, naturaliste.

Fils d'un maçon, il fut placé par la libéralité de son oncle dans une institution célèbre d'où son indocilité naturelle manqua d'abord le faire expulser, et où il se distingua bientôt dans l'étude des langues anciennes. A l'université de Leipzig, où il fut ensuite envoyé pour faire son droit, il se lia avec Reiske, Fischer, et abandonna complétement le droit pour continuer ses études sur les littératures anciennes. Mais il s'appliqua avec une ardeur égale aux sciences naturelles, et arriva ainsi à réunir une vaste érudition à la connaissance approfondie de l'anatomie comparée et de la science zoologique. Cette position exceptionnelle donne à ses travaux un cachet tout particulier : ce ne sont point ceux d'un observateur, d'un zoologiste créateur; mais ils sont propres à éclaircir bien des passages obscurs, à lever bien des doutes, à établir le lien entre l'antiquité et les temps modernes. On peut lui reprocher d'avoir mis dans ses discussions une acrimonie plus digne, comme l'a dit Cuvier, du seizième siècle que du dix-huitième. En 1776, il fut appelé de Strasbourg, où il aidait Brunck dans ses publications littéraires, à la chaire de philologie de Francfort-sur-l'Oder. L'université de cette ville ayant été transférée en 1811 à Breslau, il continua à professer le même cours jusqu'en 1816, où il fut nommé bibliothécaire. Ses ouvrages sont nombreux; nous laissons de côté tous ceux qui ont trait à la philologie, pour n'indiquer que ceux qui touchent à l'histoire naturelle.

Publication d'ouvrages anciens avec commentaires :

Elien, de la nature des animaux. Leipzig, 1783, in-8°, grec-latin. — *Alexipharmaques de Nicandre.* Halle, 1792, in-8°. — *Thériaques du même auteur.* 1816. — *Scriptores rei rusticæ veteres latini.* Leipzig, 1794, 4 vol. in-8°. — *Histoire des animaux d'Aristote.* Leipz., 1811. — *Eclogæ physicæ.* 1801, 2 vol. in-8°.—*OEuvres complètes de Théophraste.* Leipz. 1818-1821, 6 v.

Principales publications propres à l'auteur :

Dictionnaire grec-allemand. 1797, 2 vol. in-8°. Dans cet ouvrage les termes de physique ou d'histoire naturelle sont mieux expliqués que dans aucun autre dictionnaire antérieur.

Specimina aliquot zooligiæ veterum ex hist. nat. piscium sumpta. Francfort, 1781, in-4°. — *Ichthyologiæ veterum specimina.* Ibid. — *Synonymia piscium græca et latina, etc.* Leipzig, 1789, in-4°. — *Recueil de divers traités pour l'éclaircissement de la zoologie et de l'histoire du commerce* (allemand). Berlin, 1784, in-8°. — *Histoire naturelle générale des tortues,* avec un catalogue systématique de leurs différentes espèces (allemand). Leipz., 1783, in-8°. — *Analecta ad historiam metallicam veterum.* Francfort, 1788, in-4°. — *Amphibiorum physiologia.* Zullichau, 1797, in-4°. — *Historia amphibiorum naturalis.* Iéna, 1799-1801, in-8°.

Voir, pour différents articles en allemand, le Magasin de Leipzig, de 1785 à 1787.

— SÉBA (ALBERT),
Né en 1663, à Eetzel (en Ost-Frise) ;
Mort à Amsterdam, le 3 mai 1736.
Pharmacien, naturaliste.

Plusieurs voyages dans les deux Indes, qu'il fit sur des vaisseaux de commerce hollandais, lui fournirent les moyens de rassembler une précieuse collection d'histoire naturelle. Elle avait acquis une telle célébrité que Pierre-le-Grand, dans son second voyage en Hollande, l'acheta pour une somme considérable et la fit transporter à Saint-Pétersbourg. Séba qui, comme pharmacien à Amsterdam, avait acquis une grande fortune, entreprit une nouvelle collection qui finit par surpasser celle de tous les cabinets alors existans en Europe. Il en publia le catalogue sous ce titre :

Locupletissimi rerum naturalium thesauri accurata descriptio et iconibus artificiosissimis expressio, per universam physices historiam; opus cui in hoc rerum genere nullum par extitit, ex toto terrarum orbe, collegit, digessit, descripsit, et depingendum curavit Alb. Seba. Amsterdam, 1734 à 1765, 4 vol. in-fol.

La beauté, le nombre des planches et la rareté des objets qui y sont représentés, font encore rechercher cet ouvrage. Mais, sous le rapport de l'histoire naturelle, il y règne une confusion déplorable, et on y rencontre les erreurs les plus grossières.

SLOANE (Sir HANS),
Né en 1660, à Killileagh, en Irlande ;
Mort à Chelsea, en 1752.
Médecin, naturaliste.

Attaché en qualité de médecin au gouverneur de la Jamaïque, il utilisa les quinze mois qu'il passa dans cette contrée en rassemblant une riche collection d'objets rares, entre autres huit cents espèces de plantes. Revenu à Londres, où il eut une nombreuse clientèle, il employa sa fortune à augmenter son cabinet qui devint le plus riche de cette époque; les magnifiques descriptions qu'il en publia et l'impulsion qu'il donna aux recherches dans les climats des tropiques rendirent son nom célèbre. Comme médecin, il se fit remarquer par ses efforts pour propager l'usage du quinquina et l'inoculation. Comme naturaliste, il a sa place parmi les collecteurs plutôt que parmi les savans qui ont fait faire quelques progrès à la science. La réputation de son cabinet fit sa plus grande gloire, Linné entreprit le voyage de Londres en 1736 pour le visiter. Sloane a publié :

Voyage aux îles de Madère, la Barbade, St-Christophe et la Jamaïque, avec l'histoire naturelle des plantes et des arbres, des quadrupèdes, poissons, oiseaux, insectes, etc.

Magnifique ouvrage, dont le premier volume parut en 1707, le deuxième en 1725.

Catalogus plantarum quæ in insulâ Jamaïcâ spontè proveniunt vel vulgò coluntur. Londres, 1696, 3 vol. in-8°.

SPALLANZANI (Lazare)
Né le 12 janvier 1729, à Scandiano (duché de Modène);
Mort à Pavie, le 3 février 1799.
Physiologiste, naturaliste.

Peu de jeunes gens reçurent une éducation aussi complète que Spallanzani; bien moins encore purent comme lui briller dans les genres les plus opposés, dans les mathématiques comme dans les langues anciennes. Son début fut un commentaire sur Homère, et celui qui devait un jour être célèbre pour les expériences les plus ingénieuses de physiologie, commença par remplir à Reggio les chaires de logique, de métaphysique et de littérature grecque; mais son goût dominant le ramenait vers l'histoire naturelle, et il en fit bientôt l'unique occupation de sa vie. Lorsque ses travaux multipliés et remarquables par la variété et l'exactitude des expériences eurent répandu son nom dans toute l'Europe, plus préoccupé de ses études que de sa fortune, il refusa toutes les positions qui eussent pu lui ravir un temps précieux, et se contenta de la place de professeur d'histoire naturelle à Pavie. Il ne s'en éloignait que momentanément, pour faire quelque voyage scientifique, d'où il rapportait des collections destinées à enrichir le cabinet qui lui était confié. Dans ces excursions, il montrait l'ardeur la plus vive pour les recherches scientifiques, et une intrépidité qu'aucun obstacle n'arrêtait. On le vit, à l'âge de soixante ans, s'approcher comme Pline des laves brûlantes du Vésuve, et, plus heureux que lui, rapporter de ce spectacle des observations intéressantes. Son courage scientifique n'était pas moindre dans le silence du cabinet : il s'y livrait sur lui-même à des expériences physiologiques qui eussent pu compromettre gravement sa vie. Ses productions sont fort nombreuses. Ses observations les plus remarquables ont eu pour objet la digestion, la génération, la circulation du sang, les animaux microscopiques.

On a de lui :

Expériences sur la digestion (traduction française par Senebier). Genève, 1783, in-8°. — *Expériences pour servir à l'histoire de la génération* (trad. du même). 1785, in-8°. — On y trouve le détail de ses fécondations artificielles opérées sur les grenouilles et même sur une chienne.—*Mémoire sur la respiration* (traduction de Senebier); ouvrage posthume. Genève, an XI, in-8°. — *Des phénomènes de la circulation,* etc. (traduction française de Tourdes). Paris, 1800, in-8°.

De nombreuses *lettres scientifiques* dans les journaux scientifiques italiens. — *Voyage en Sicile et dans les Apennins* (traduction d'Amaury Duval). 1792, 6 vol. in-8°.

Du reste, les mémoires disséminés de Spallanzani, et dont il serait trop long de donner la simple énumération, ont été réunis dans ses œuvres complètes. Bologne, 1822, 16 vol. in-8°.

SWAMMERDAM (Jean),
Né en 1637, à Amsterdam ;
Mort en 1680.
Anatomiste, naturaliste.

Il était médecin, mais il ne se livra point à la pratique, et s'occupa uniquement de l'anatomie de l'homme, et surtout de celle des insectes ; c'est lui qui le premier, pour mieux disséquer les artères et les veines, y poussa des injections avec de la cire liquéfiée ; il porta ce procédé à une perfection que Ruysch seul, auquel il confia son secret, put atteindre et même surpasser ; mais il n'eut point de rival dans la dissection des insectes. L'habileté et la patience qu'il mit à analyser les parties les plus délicates, les découvertes importantes qu'il fit dans cette étude toute nouvelle, ont rendu son nom à jamais célèbre. Est-ce à l'extrême contention de son esprit, à la fatigue prolongée des observations microscopiques ou à une prédisposition organique, qu'il faut attribuer les accès de mélancolie qui terminèrent sa vie à quarante-trois ans ? Dans un de ses momens de fureur, il jeta au feu tout ce qui lui tomba sous la main de sesmanuscrits, s'imaginant qu'il offensait la Divinité par ses études anatomiques, et cependant, comme l'a dit Galien, quel plus bel hymne peut être célébré en l'honneur de Dieu que le récit des merveilles de l'organisation ! Swammerdam a publié :

Tractatus physico-anatomico-medicus de respiratione usuque pulmonum, thèse inaugurale. Leyde, 1667, in-8°. On y trouve des faits intéressans, entre autres la démonstration des valvules des vaisseaux lymphatiques.

Miraculum naturæ seu uteri muliebris fabrica. Leyde, 1672. C'est une dissertation sur la génération, dans laquelle il se prononce pour la préexistence de l'œuf. — *Histoire générale des insectes*, traduct. française. Utrecht, 1682, in-4°. — *Histoire de l'éphémère*, traduct. latine. Londres,

1681, in-4°. — *Biblia naturæ seu historia insectorum in certas classes reducta*, etc. Leyde, 1737-38, 2 vol. in-fol. Traduite en français dans les tomes IV et V de la Collection académique de Dijon (partie étrangère). Cette publication fut faite par Boerhaave, qui avait racheté, pour une somme considérable, des manuscrits vendus par l'auteur à vil prix.

THÉOPHRASTE.

Né à Érésos dans l'île de Lesbos, l'an 371 avant J.-C.;
Mort à Athènes dans un âge très avancé.
Philosophe, naturaliste.

Ami, disciple, et successeur d'Aristote au Lycée, plus moraliste que lui, recherchant moins les subtilités, Théophraste est un des philosophes les plus dignes de ce nom qu'ait produits la Grèce antique. Son savoir immense embrassa toutes les connaissances de son temps : la grammaire, la logique, la rhétorique, la poésie, l'art musical, les sciences mathématiques et physiques, la morale et la politique. Le nombre des titres connus de ses traités s'élève à 229. Son éloquence douce, persuasive, rassembla autour de lui deux mille disciples dans les temps les plus désastreux de la république athénienne. Il eut à subir pour ses doctrines toutes socratiques quelques accusations banales d'impiété; mais il en sortit victorieux, et jouit d'un long repos, qui lui permit de se livrer de plus en plus à l'étude des merveilles de la nature.

Des ouvrages qu'il avait composés sur l'histoire naturelle, il nous reste neuf livres d'une *histoire des plantes*, six livres d'un traité sur les *causes de la végétation* et un traité *des pierres*.

Théophraste a fait pour la botanique ce qu'Aristote avait fait pour la zoologie : il observa par lui-même et s'efforça de former une science de ce qui n'était avant lui que de l'herboristerie. Il établit que les caractères de la vie se retrouvent chez les végétaux comme chez les animaux; dans les analogies qu'il reconnaît entre le règne animal et le règne végétal, il indique la reproduction par l'union des sexes; si les deux sexes ne sont point réunis sur la même plante, les vents et les insectes apportent le principe fécondateur. Il connut environ cinq cents espèces qu'il partagea en plantes ligneuses et en plantes herbacées.

Les meilleures éditions des *Traités sur la botanique* sont celles de : Jean Bodée de Stapel, 1644, in-fol. Amsterdam. John Stackhouse, 1813, Oxford, 2 vol. in-8°; Schneider, 1818, Leipzig, 4 vol. in-8°.—Le *Traité des pierres* a été publié à Londres, par J. Hill, en grec et en anglais, 1746, in-8°. Une traduction française de cette édition a été donnée en 1754.

TOURNEFORT (Joseph Pitton de),
Né à Aix en Provence, le 5 juin 1656;
Mort à Paris, le 28 novembre 1708.
Médecin, botaniste.

Peu de vocations furent aussi marquées que celle de Tournefort. Dès son enfance il se livrait avec ardeur à la recherche des plantes; toutefois cette passion ne lui fit point négliger ses études classiques, et ses ouvrages portent le cachet d'une érudition choisie. Quand il eut terminé sa philosophie, il connaissait déjà toutes les plantes de la partie de la Provence qu'il habitait. Cet étroit espace ne lui suffisant plus, il parcourut les montagnes du Dauphiné et de la Savoie, fit un séjour de deux ans à Montpellier pour s'y perfectionner dans les sciences et étudier la médecine, et de là se rendit en Catalogne et dans les Pyrénées, où il herborisa depuis le printemps jusqu'à la fin de l'année, sans être dégoûté par les dangers de toute espèce qu'il eut à courir. Son herbier commençait à devenir considérable, sa réputation était parvenue à Paris. Fagon sut l'y attirer,

et se démit en sa faveur de la place de professeur de
botanique au Jardin du Roi(1683). Les cours et les herborisations du jeune professeur attirèrent une immense
quantité d'étudians; mais son amour pour les découvertes le poussait à de nouveaux voyages. Il retourna
en Espagne, parcourut le Portugal, visita également
l'Angleterre et la Hollande. En 1691 il fut nommé membre de l'Académie des sciences; ce fut en 1694 qu'il
publia ses *Élémens de botanique* ou *Méthode pour connaître les plantes*, 3 vol. in-8. Ce livre, qui eut un si
grand retentissement, avait le tort de ne rien ajouter
aux vagues connaissances de physiologie qui existaient
avant lui, et de conserver dans la classification, la division des herbes, arbres et arbrisseaux; mais il éta-
blissait une méthode plus commode, qui contrariait
moins les affinités naturelles, et fondait sur des caractères réels un grand nombre de genres. La botanique,
si longtemps confondue avec l'herboristerie, puis re-
levée, par les travaux des Gessner, des Césalpin, des
Colonna, de cet état de dégradation, se posait enfin
dans le livre de Tournefort, par l'ordre général et par
l'enchaînement des détails, au nombre des sciences
exactes. Mais quelle que fût la gloire dont il était envi-
ronné, son goût pour les voyages était toujours le
même, et il accepta avec empressement une mission fort
honorable qui lui fut confiée par le gouvernement,
sur la proposition de l'Académie des sciences : il s'agissait d'un voyage scientifique dans le Levant. Il y fut
accompagné d'un peintre et d'un botaniste allemand.
Après deux ans, il revint en France, rapportant une
grande quantité de dessins et d'objets naturels des trois
règnes. Il mourut à la suite d'une chute, dans sa cin-
quante-troisième année.

Outre ses *Élémens de botanique*, on lit avec intérêt :

Histoire des plantes qui naissent aux environs de Paris; un vol. in-12, 1698. — *Institutiones rei herbariæ*, Traduction latine de ses *Élémens*, 3 vol. in-4°, 1700. La préface contient sous le titre de *Isagoge ad rem herbariam*, une histoire curieuse de la botanique. — *Voyage du Levant.* 1717, 2 vol. in-4°.

TREMBLEY (Abraham)
Né à Genève, en 1700;
Mort en 1784.
Naturaliste.

Au commencement de ses études, il montra des dispositions toutes particulières pour les mathématiques. Ses parens le destinaient au ministère évangélique; mais les sciences avaient pour lui un attrait irrésistible ; et, pouvant consacrer ses loisirs à l'étude de l'histoire naturelle, il préféra se charger de l'éducation des enfans du résident anglais de La Haye. Ce fut dans les fossés du château qu'ils habitaient à la campagne, qu'il observa le polype à bras, confondu avec les herbes marécageuses. Il en étudia les mœurs, les habitudes, l'organisation, avec une patience que rien ne peut égaler. Ses observations nouvelles, prônées par Réaumur et par Bonnet, eurent un grand retentissement. L'auteur, tout en concentrant son attention sur ce mince sujet, avait été si vrai, si exact, si intéressant, que les suffrages du public et des savans lui valurent une renommée au dessus de ses travaux : il fut nommé membre de la Société royale de Londres, correspondant de l'Académie des sciences. Ajoutons que, partout où il voyagea, la justesse de son esprit, sa modestie et les charmes de son caractère lui concilièrent l'estime et l'amitié de tous. Rentré dans sa patrie, il s'y montra citoyen zélé et devint membre du grand conseil. Chargé des approvisionnemens, il profita des avantages que lui donnait cette position pour reconnaître les insectes qui attaquent les blés, et rechercher les moyens de les éloigner ou de les détruire.

Son principal ouvrage a pour titre :

Mémoires pour servir à l'histoire d'un genre de polype d'eau douce à bras en forme de cornes. Leyde, 1744, in-4°.

VAILLANT (François le),
Né en 1753, à Paramaribo dans la Guyane hollandaise ;
Mort à la Noue, près Sézanne, en 1824.
Voyageur, naturaliste.

Les voyages que son père, négociant originaire de Metz, était obligé de faire, développèrent chez lui le goût des courses lointaines. De bonne heure, la chasse fut son principal amusement; il porta son attention sur les mœurs des oiseaux, et apprit à préparer leurs dépouilles. Il était à Paris en 1777. La vue des riches cabinets d'histoire naturelle qu'il y examina lui inspira un violent désir d'augmenter, pour sa part, le nombre des êtres connus. Son esprit romanesque et aventureux le portait en outre vers les contrées où peu de voyageurs avaient pénétré. Il choisit les parties centrales de l'Afrique pour but de ses explorations, et arriva au cap de Bonne-Espérance le 29 mars 1781. Nous ne le suivrons point dans ses excursions, qui durèrent trois ans. Il a su, dans les récits qu'il en a faits, y mettre tout le charme d'un roman; et peut-être son désir de plaire avant tout au lecteur, l'a-t-il empêché de se maintenir toujours dans les limites de la vérité. Mais si les détails ont été inventés ou embellis, le fond n'en est pas moins vrai, et il a décrit avec exactitude les mœurs et les usages des Hottentots; il a, le premier, fait connaître exactement la giraffe et un grand nombre de mammifères, d'insectes, et surtout d'oiseaux; car c'est l'ornithologie qui s'est le plus enrichie de ses découvertes. Rentré en France, il partagea sa vie entre les soins qu'il donnait à ses ouvrages, et la chasse pour laquelle il conservait la même passion. Il a publié :

Voyages dans l'intérieur de l'Afrique (réunis). Paris, 1803, 5 vol. in-8°. — *Histoire naturelle des oiseaux d'Afrique.* 1796–1812, 6 vol. in-fol. — *Histoire naturelle des oiseaux de paradis.* 1801–1806, 3 vol. in-f°. — *Histoire naturelle des cotingas et des todiers.* 1804, in-fol. — *Histoire naturelle des calaos.* In-fol. et in-4°. — *Histoire naturelle des perroquets.* 1801 1805, 2 vol. in-fol.

VALLISNÉRI (Antoine),
Né le 3 mai 1661, à Tresilico, État de Modène ;
Mort à Padoue, le 18 janvier 1730.
Médecin, naturaliste.

Vallisnéri avait étudié la médecine sous l'illustre Malpighi ; c'est à cette école qu'il prit l'habitude d'observer et de chercher les faits plutôt que de discuter des théories ; aussi commença-t-il par répéter les dissections de Malpighi sur le ver à soie, et les observations de Rédi sur la génération des insectes, insistant sur le fait que tous les insectes naissent d'un œuf. En 1700, il fut nommé professeur de médecine à Padoue ; il profita de cette haute position pour enseigner les nouvelles découvertes d'anatomie, au grand scandale des professeurs à esprit rétrograde. Les loisirs qu'il pouvait avoir étaient utilisés en expériences, en études sur la botanique et sur l'origine des sources, en voyages scientifiques. Sa réputation de savant, l'originalité de ses recherches lui attirèrent de nombreux honneurs ; mais il n'accepta point les places qui l'auraient définitivement éloigné de Padoue. Il fut un des adversaires les plus constans de la génération spontanée. Ce fut lui qui découvrit les singuliers phénomènes par lesquels s'opère la fécondation d'une plante qui croît dans les fossés marécageux de Florence et de Pise, et qui a reçu son nom, la *vallisneria*.

Son ouvrage le plus important, qui lui coûta trente années de travail, est l'histoire de la génération :

Istoria della generazione dell' uomo e degli animali, etc. Venise, 1721, in-4°.

On peut lire encore avec avantage :

Dialoghi sopra la curiosa origine di molti insetti. Venise, 1700, in-8°. — *Istoria del camaleonte africano e di varii altri animali d 'Italia.* 1715, in-4°. — *Lezzione accademica intorno all' origine delle fontane.* 1715, in-4°. — *Notomia dello struzzo.*

Cette anatomie de l'autruche est citée avec beaucoup d'éloges par Buffon.

VALMONT DE BOMARE (Jacques-Christophe),
Né à Rouen, le 17 septembre 1731 ;
Mort à Paris, le 24 août 1807.
Naturaliste.

Encore un de ces hommes qui, sans faire époque dans la science par de grandes découvertes ou par des méthodes nouvelles, ont par des écrits instructifs et lus avec plaisir, répandu dans toutes les classes le goût de l'histoire naturelle. C'est vers cette branche des connaissances humaines qu'il fut de bonne heure attiré, comme tant d'hommes illustres dont nous avons cité les noms. Ses progrès, son assiduité, l'avaient fait remarquer de ses maîtres, qui lui firent obtenir le brevet de naturaliste-voyageur du gouvernement. Les nombreux voyages qu'il fit, surtout dans le nord de l'Europe, lui permirent de rassembler une collection riche en minéraux. Revenu en France (1756), il ouvrit, la même année, un cours public sur l'histoire naturelle, qui obtint le plus grand succès, et donna à l'enseignement de l'histoire naturelle une impulsion qu'il n'avait pas encore eue. Il mit en même temps son cabinet à la disposition de tous ceux qui voulaient étudier la minéralogie. Ses cours, qui ne furent interrompus que pendant la révolution, et qui se prolongèrent jusqu'en 1806, excitèrent dans toute l'Europe une louable émulation, et lui valurent les distinctions les plus flatteuses.

Son principal ouvrage, celui qui a popularisé son nom, est :

Dictionnaire raisonné universel d'histoire naturelle. Paris, 1765-68, 6 vol. in-8°; 2ᵉ édit. 1800, Lyon, 15 vol. in-8°.

VICQ-D'AZYR (FÉLIX),
Né à Valogne, en 1748;
Mort à Paris, le 20 juin 1794.
Médecin, anatomiste.

Les travaux de cet illustre médecin, mort à 46 ans, sont fort nombreux, et appartiennent spécialement à l'anatomie humaine et à la médecine vétérinaire. Néanmoins, son nom doit être inscrit honorablement parmi les naturalistes, parce qu'il fut un des fondateurs de l'anatomie comparée, et le précurseur de Cuvier dans l'enseignement de cette science. Les éloges qu'il eut à prononcer en qualité de secrétaire-général d'une société savante, montrent d'ailleurs d'immenses connaissances dans les sciences naturelles. Il avait dirigé ses premières études médicales vers l'anatomie comparée, et il put, à l'âge de 25 ans, ouvrir un cours d'anatomie humaine, éclairée par la comparaison avec celle des animaux. L'élégance de sa diction, la clarté de son exposition, lui valurent de nombreux succès. Ces succès mérités lui attirèrent la jalousie de la Faculté et la protection d'Antoine Petit, professeur d'anatomie au Jardin du Roi, qui le choisit pour son suppléant. Cette position semblait lui promettre la survivance de la chaire; mais les titres anatomiques plaisaient peu à Buffon, qui mit Portal en sa place. Vicq-d'Azyr eût été forcé d'interrompre ses travaux, si le hasard ne lui eût procuré l'amitié de Daubenton, qui facilita ses recherches sur les animaux étrangers. Cependant, les chaires de la Faculté et du Jardin du Roi lui furent fermées. La Faculté même se montra hostile contre lui; mais l'Académie des sciences l'admit dans son sein, et l'Académie française le choisit en remplacement de Buffon.

Ses ouvrages qui concernent l'histoire naturelle sont :

Plusieurs *Mémoires* insérés dans ceux de l'Académie des sciences :

De l'anatomie des poissons et des oiseaux. 1773. — *Des extrémités dans l'homme et les quadrupèdes.* 1774. — *De l'ouie.* 1777. — *Des organes de la voix.* 1779. — *De quelques singes.* 1781. — *Des clavicules et os claviculaires.* 1784. — Deuxième volume du *Système anatomique des quadrupèdes,* dans l'Encyclopédie méthodique.

WERNER (ABRAHAM-GOTTLOB),
Né le 25 septembre 1750, à Wehlau, dans la Haute-Lusace;
Mort à Dresde, le 30 juin 1817.
Minéralogiste.

Si un grand nombre d'illustres naturalistes, poussés par une irrésistible vocation, ont eu à triompher de tous les obstacles et sont arrivés, par la seule force de leur volonté, au but qu'ils s'étaient proposé, quelques-uns, plus heureux, ont trouvé dans leur position, et dès leur enfance, les moyens de satisfaire leur noble instinct. Tel fut Werner. Son père était directeur d'une forge; aussi, ses jouets furent des minéraux, et il en connut les noms avant de savoir lire. On s'étonnera moins qu'à l'âge de 24 ans il ait publié son premier ouvrage. Ce n'était qu'un traité de quelques pages; mais ces pages donnaient, avec tant de méthode et de précision, les moyens d'exposer d'une manière uniforme et constante les caractères des minéraux, qu'elles font époque dans l'histoire de la science. Nommé l'année suivante (1775) adjoint à la chaire de minéralogie de Freyberg et inspecteur du cabinet, cette place le mit à même de perfectionner son système et de le populariser dans des cours qui attirèrent un grand nombre d'auditeurs. Les écrits de ses nombreux disciples ont plus servi à répandre ses vues que ses propres ouvrages, car il écrivit peu, ce qui tenait à son caractère systématique, et surtout, assure-t-on, à une répulsion invincible pour l'acte matériel d'écrire ; il aimait au contraire la conversation, et y brillait par une élocution facile, ainsi que par l'étendue et la variété de ses aperçus. Il ne se contenta point d'étudier les minéraux isolément et d'en rassembler une magnifique collection, il s'attacha aussi à établir, d'après les observations qui avaient été faites avant lui et d'après les siennes, les rapports que les roches présentent entre elles ; et ses travaux géognosiques paraissent à Cuvier beaucoup plus importans que ceux qu'il fit en minéralogie. On peut seulement lui reprocher d'avoir exagéré l'importance des formations par dépôt dans un liquide, puisqu'il attribuait cette origine même à la basalte. Il fut donc à la tête du parti des *neptuniens*, tandis que Desmarets, qui avait observé en Auvergne, était à la tête des *vulcaniens*. Werner fut dévoué à son pays, et il refusa les offres avantageuses qui lui furent faites par plusieurs gouvernemens étrangers. Le vif chagrin qu'il conçut des malheurs de la Saxe, en 1812, contribua à altérer profondément sa santé ; il ne fit plus que languir jusqu'à l'époque de sa mort.

On n'a de lui que trois ouvrages de quelques feuilles :

Traité des caractères des minéraux. Leipzig, 1774. — Classification et description des montagnes. 1787. — Nouvelle théorie de la formation des filons. 1791.

FIN